ヌルデの実を食べるアオゲラ　新潟県

本書の特徴

野鳥の食性には，植物質だけ，動物質だけ，その両方という3つのパターンがある。本書では植物質の中でも特に樹木に限定し，私がこれまでに観察，撮影した木の実に関係した写真を中心に，鳥が食べる木の実について，いちカメラマンである私の独断と偏見でまとめた本である。まず，「野鳥が好む木の実」と「野鳥が好まない木の実」の2つに大きく分け，それぞれを五十音順に掲載した。

ただし，「野鳥が好まない木の実」とは，まったく食べられないという意味ではなく，鳥が好む木の実に比べ，相対的にあまり好まない，という程度のものと理解してほしい。日本には千数百種類もの樹木が生育していて，それらの大部分が実をつけると思われるが，野鳥が採食するのはほんの一部で，私が観察したものはさらに限られている。そして，同じ種類の木の実でもなぜか，よく食べられる木と，まったく食べられない木もある。また，地域や場所によって本書で紹介する観察事例とはまったく異なるケースもあるかもしれないと思っているからである。

次に木の実以外で「野鳥が好む花」という章を設け，私が実際に観察した花蜜や花芽，花弁を好むものを解説した。最後の章では「野鳥が好む庭づくり」として，野鳥が来てくれる庭づくりに関する実践的なことを写真とイラストで解説した。

本書の使い方

タイトル項目

樹木の種名，科名，自生地（各地で植栽されているので，元々の自生地を記した），よく採食する野鳥を記した

熟した実の色

実の色から木を探すときの目安として，ページのツメ部分の色と写真キャプションの月を示す部分は，その木の実が熟したときの色を示している。

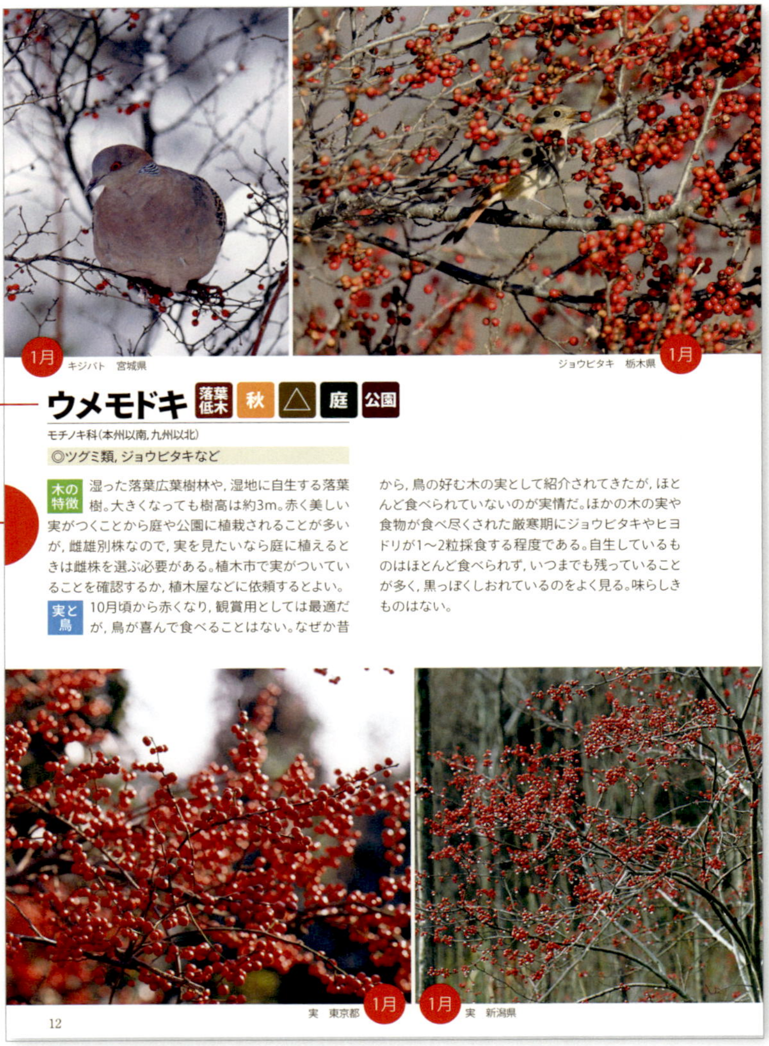
1月 キジバト 宮城県
ジョウビタキ 栃木県 1月

ウメモドキ 落葉低木 秋 △ 庭 公園

モチノキ科（本州以南，九州以北）

◎ツグミ類，ジョウビタキなど

木の特徴 湿った落葉広葉樹林や，湿地に自生する落葉樹。大きくなっても樹高は約3m。赤く美しい実がつくことから庭や公園に植栽されることが多いが，雌雄別株なので，実を見たいなら庭に植えるときは雌株を選ぶ必要がある。植木市で実がついていることを確認するか，植木屋などに依頼するとよい。

実と鳥 10月頃から赤くなり，観賞用としては最適だが，鳥が喜んで食べることはない。なぜか昔から，鳥の好む木の実として紹介されてきたが，ほとんど食べられていないのが実情だ。ほかの木の実や食物が食べ尽くされた厳寒期にジョウビタキやヒヨドリが1～2粒採食する程度である。自生しているものはほとんど食べられず，いつまでも残っていることが多く，黒っぽくしおれているのをよく見る。味らしきものはない。

12

実 東京都 1月
1月 実 新潟県

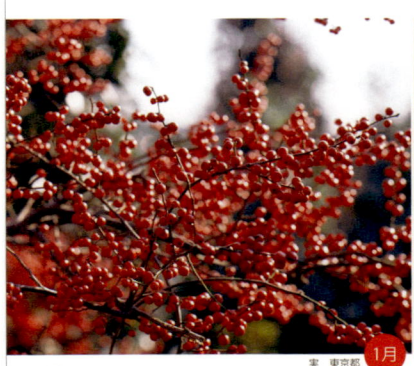

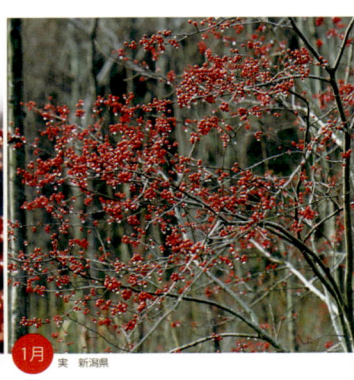

「樹木の種類」
常緑・落葉・つる性の区分と，大まかな木の高さ（樹高）を示した。高木とは一般的に，成木の樹高が5mを越えるものを指す。

「実の付く時期」
本州を基準に，実が熟する時期を示した。鳥が食べはじめる時期ではないことに注意。
春:3〜5月／夏:6〜8月／秋:9〜11月／冬:12〜2月

「鳥の人気」
鳥たちがその木の実をどのくらい好んで採食するかを著者の観察例を元に判断した。
◎：いろんな鳥が好んで食べる
○：特定の種類がよく食べたり，普通に食べられる
△：たまに食べられるが，観察数が少なく，あまり積極的には食べられないと思われる

「庭木向き」「公園木向き」
それぞれの用途に特に合っていると思われるもの，私が特におすすめしたいものをピックアップして付けた。

各種アイコンの説明

9月 キジバト 東京都
1月 キジバト 東京都
9月 ヤマガラ 東京都

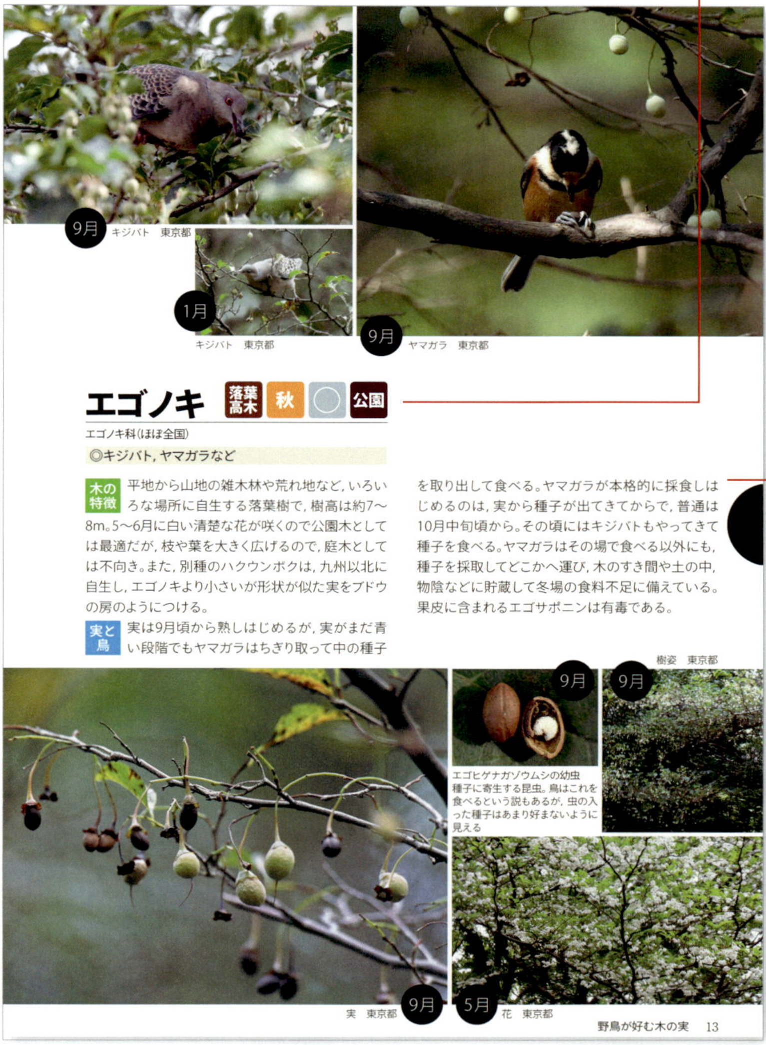

エゴノキ

エゴノキ科（ほぼ全国）
◎キジバト、ヤマガラなど

木の特徴 平地から山地の雑木林や荒れ地など，いろいろな場所に自生する落葉樹で，樹高は約7〜8m。5〜6月に白い清楚な花が咲くので公園木としては最適だが，枝や葉を大きく広げるので，庭木としては不向き。また，別種のハクウンボクは，九州以北に自生し，エゴノキより小さいが形状が似た実をブドウの房のようにつける。

実と鳥 実は9月頃から熟しはじめるが，実がまだ青い段階でもヤマガラはちぎり取って中の種子を取り出して食べる。ヤマガラが本格的に採食しはじめるのは，実から種子が出てきてからで，普通は10月中旬頃から。その頃にはキジバトもやってきて種子を食べる。ヤマガラはその場で食べる以外にも，種子を採取してどこかへ運び，木のすき間や土の中，物陰などに貯蔵して冬場の食料不足に備えている。果皮に含まれるエゴサポニンは有毒である。

本文
「木の特徴」と「木の実と鳥」に分けて解説。前者は具体的な自生地と落葉，常緑の区別，樹高をなるべく記し，花に関すること，植栽の用途などを記した。また，類似種がある場合はそのことにも触れ，違いを述べたものもある。

後者では，実の熟す時期や色，野鳥が食べる時期とやってくる野鳥の種類をなるべく記した。文末ではその木の実の味についてもできるだけ触れた。味については『野鳥と木の実ハンドブック』でも注意点として述べたが，**木の実には有毒のものも多く，体質によって受ける影響も異なると思われるので，口に含む場合はくれぐれも注意してほしい。**

実 東京都

9月 エゴヒゲナガゾウムシの幼虫 種子に寄生する昆虫。鳥はこれを食べるという説もあるが，虫の入った種子はあまり好まないように見える

9月 樹姿 東京都
5月 花 東京都

野鳥が好む木の実 13

目次

- 2 本書の特徴と使い方
- 4 目次

Chapter 1 野鳥が好む木の実
※●は実の色を示す

- 6 アカメガシワ ●
- 8 イイギリ ●
- 9 イチイ（キャラボク）●
- 10 イヌツゲ ●
- 11 イボタノキ ●
- 12 ウメモドキ ●
- 13 エゴノキ ●
- 14 エゾノコリンゴ ●
- 16 エノキ ●
- 19 エンジュ ●
- 20 カエデ類（モミジ類）●
- 22 カキノキ ●
- 26 ガジュマル（アコウ, ホソバイヌビワ, ハイイヌビワ）●
- 29 カナメモチ ●
- 30 カポック ●
- 31 ガマズミ ●
- 32 カンボク ●
- 33 キヅタ ●
- 34 キハダ ●
- 36 クサギ（アマクサギ）●
- 37 クチナシ ●
- 38 グミ（アキグミ, ナツグミ）●
- 40 クワ（ヤマグワ, シマグワ, マグワ）●
- 42 ケヤキ ●
- 43 コシアブラ ●
- 44 コナラ ●
- 45 コブシ ●
- 46 ゴンズイ ●
- 48 サクラ類（ヤマザクラ, ウワミズザクラ）●
- 53 サルスベリ ●
- 54 サワフタギ ●
- 55 サンゴジュ ●
- 56 サンショウ（カラスザンショウ, イヌザンショウ）●
- 58 シャリンバイ ●
- 59 シロダモ ●
- 60 スギ（サワラ・ヒノキ）●
- 61 ズミ ●
- 62 センダン ●
- 64 タラノキ（メダラ）●
- 65 タラヨウ ●
- 66 ツルウメモドキ ●
- 68 ツルマサキ ●
- 70 トウネズミモチ（ネズミモチ）●
- 72 ナナカマド ●
- 74 ナンキンハゼ ●
- 76 ナンテン ●
- 77 ニシキギ（コマユミ）●
- 78 ニレ（アキニレ, ハルニレ）●
- 79 ニワトコ（エゾニワトコ）●
- 80 ヌルデ ●
- 82 ノイバラ（ハマナス）●
- 84 ハゼノキ（ヤマウルシ, ヤマハゼ）●
- 86 ハナミズキ ●
- 88 ハンノキ類（ハンノキ, ヤシャブシ, オオバヤシャブシ）●
- 90 ヒサカキ（サカキ）●
- 92 ヒメコウゾ（コウゾ）●
- 93 ピラカンサ（トキワサンザシ, タチバナモドキ）●
- 96 ビワ
- 97 《コラム》野鳥が好む草の種子や実
- 98 ホオノキ ●
- 100 マサキ ●
- 101 マンリョウ ●
- 102 マツ類（クロマツ, アカマツ）●
- 104 マユミ ●
- 106 ミズキ（クマノミズキ）●
- 110 ムクノキ ●
- 114 ムラサキシキブ（コムラサキシキブ）●
- 116 モチノキ（クロガネモチ）●
- 117 モッコク ●
- 118 ヤドリギ（ホザキヤドリギ）●
- 120 ヤマハギ
- 121 ヤマモモ ●
- 122 ユズリハ

Chapter 2 野鳥があまり好まない木の実

- 124 アオキ　イヌマキ（ラカンマキ）
- 125 ウツギ　オオカメノキ【ムシカリ】
- 126 カクレミノ　カマツカ
- 127 キイチゴ
- 128 クコ　クスノキ
- 129 サネカズラ　サルトリイバラ
- 130 サンシュユ　ソヨゴ
- 131 トベラ
- 132 ツリバナ　ノブドウ
- 133 パパイヤ　ヒョウタンボク【キンギンボク】　ベニシタン
- 134 《コラム》そのほかの野鳥があまり好まない木の実

Chapter 3 野鳥が好む花

- 136 花蜜を吸う野鳥
- 141 花芽や花弁を食べる野鳥

Chapter 4 野鳥が好む庭づくり

- 144 野鳥が来る庭をつくるには
- 146 野鳥が来る庭づくり〜実践編〜
- 150 野鳥が来る庭づくり〜実例集〜
- 154 水場をつくる
- 156 餌台を設置する
- 158 巣箱をつくる
- 159 野鳥-木の実INDEX
- 160 鳥名索引

Chapter
1

野鳥が好む木の実

12月 カキノキ（22ページ）の実に集まるヒレンジャク　新潟県

　カキノキにはいろいろな野鳥がやってくる。何もかもが雪に覆われてしまう雪国では，カキノキは野鳥にとって冬の間の大切な食べ物だ。渋柿でも，霜にあたったり，凍っては溶けたりするのを繰り返すと，渋はある程度は抜けるようで，よく食べられるようになる。多くの木の実の中でも，最も野鳥に好まれる木である。

7月 コゲラ 沖縄県沖縄島

6月 メジロ 沖縄島

アカメガシワ 落葉高木 秋

トウダイグサ科（本州以南）

◎キツツキ類, ツグミ類, ヒタキ類など

木の特徴 林縁部や伐採跡地など, 比較的明るい場所を好む落葉樹で, 樹高は約7〜8m。小枝の先端に葉をつけ, 赤い新芽が美しいが, その割に庭木や街路樹, 公園木としてあまり植栽されないようだ。しかし, 繁殖力は強く, どこにでも芽を出し, 高速道路や山のすそ野の道路脇の人工的な傾斜面などによく自生している。雌雄別株なので, 実がつく雌木を花の時期に確認しておくと良い。雌木の花は一見赤っぽく, 雄木は黄色く見える。

実と鳥 実の中から黒い種子が出てくると食べ頃。本州の早いところでは9月頃から食べはじめられ, 11月頃が最盛期だ。南西諸島では5月頃から種子が見えはじめ, 6〜7月が食べ頃のようだ。どの地域でも多くの鳥が採食するが, メジロやキツツキ類が特に好む。奄美大島ではオーストンオオアカゲラ, 沖縄島ではノグチゲラがよく採食するという。種子は堅く, 噛んでみたが割るのに苦労し, 中の子房には味らしきものはなかった。

6月 実 沖縄島

10月 キビタキ 埼玉県（撮影 ● 野崎和夫）

10月 サメビタキ 埼玉県（撮影 ● 野崎和夫）

9月 ハシブトガラス 東京都

10月 エゾビタキ 埼玉県（撮影 ● 野崎和夫）

6月 実 沖縄島

野鳥が好む木の実　7

12月　ヒヨドリ　東京都

12月　ヒヨドリ　東京都

12月　ツグミ　東京都

イイギリ

イイギリ科（本州以南）

◎ヒヨドリ，ツグミなど

木の特徴　山地のやや湿った場所を好むが，乾燥した場所でも自生している落葉樹。山地での自生は稀という説もあるが，数本で固まって生えるところもある。成長が早く，大きいものは樹高が十数mにもなるので，庭や狭い場所には不向きだ。その代わり，房状に実る赤い実は美しく，落葉後も長く残るので，公園木としては最適だろう。

実と鳥　本州で赤く熟すのは10月中旬以降だが，鳥が食べはじめるのは11月に入ってから。山地に自生しているものはあまり食べられない傾向がある。公園などに植栽されているものは主にヒヨドリが採食し，その他ではキジバトやツグミ，オナガなどが時々1〜2粒採食する程度である。他の木の実にも言えることだが，木によって早くから食べはじめられる木と，あまり食べられない木がある。口に入れてみたが味らしきものはほとんどなかった。

11月　実　東京都

12月　樹姿　東京都

10月　ヤマガラ　青森県

1月　シメ　長野県

イチイ（キャラボク）

常緑高木　秋　○　庭　公園

イチイ科（北海道以南, 九州以北）

◎シメ, ツグミ, ヤマガラなど

木の特徴　2種同時に取り上げる。両種とも亜高山帯や寒冷地に自生する常緑樹で, 樹高は約10〜20m。イチイは東北地方以北などではよく垣根として植栽されており, 関東地方ではキャラボクも庭木としてよく植えられ, 刈り込むので大きくはならない。白い小さな花を咲かせる。両種とも雌雄別株なので, 雌木を選ぶ必要がある。

実と鳥　どちらも場所によって9月下旬頃赤く熟し, ムクドリは早い時期から食べはじめるが, そう好んでは食べないようだ。11月頃からは渡来したアトリやツグミが採食し, シメやイカルなども食べはじめる。アトリ類やヤマガラは果肉部分は捨てて中の種子の部分を食べ, ツグミ類などは木の実そのものを丸のみする。どちらも熟すと果肉はとても甘く, おやつ代わりに食べたりするが, イギリスなどでは種子に毒があるとして, 絶対に食べないそうだ。

10月　実　青森県

11月　実　青森県

10月　垣根　青森県

野鳥が好む木の実　9

11月　ムクドリとオナガ　東京都

12月　ツグミ　東京都

12月　オナガ　新潟県

イヌツゲ

モチノキ科（本州以南，九州以北）

◎ツグミ類，オナガ，ムクドリなど

木の特徴　山地の岩場や林縁部に自生する常緑樹。樹高は約5～6m。関東地方以南ではよく垣根に植栽され，手入れが楽だからか墓地や公園の境などにも植えられる。雌雄別株なので，実を見るなら実がある木を植えるか，実がある木の枝から挿し木するとよいだろう。

実と鳥　実が黒っぽくなるのは10月下旬頃からで，熟して鳥が食べはじめるのは12月に入ってから。自生木の実を鳥が食べているところは見たことがなく，はっきりとはわからないが，あまり食べられないようだ。垣根や公園などの植栽された木の実もメジロなどが1～2粒を時々食べる程度で，ほとんどはムクドリが採食する。しかし，周囲の木の実がなくなる時期になると，木の実を食べる鳥のほとんどがやってくる。口にすると少し甘味を感じる。なお，よく似ているツゲ科のツゲは種子が堅いのか，鳥が食べるのを見たことはない。

10月　実　東京都

12月　キジバト　東京都

1月　キレンジャク　北海道

3月　キレンジャク　北海道

イボタノキ

イチイ科（九州以北）

◎レンジャク類など

木の特徴　山野の林縁や明るい林の林床などに普通に自生している。樹高は約3m。小枝が密生していて、垣根に適している。落葉樹だが、暖地や暖かい場所に植栽されたものは冬季でも葉が落ちないことがある。よく似ているネズミモチの実は楕円形だが、本種はもっと丸味がある。また、トウネズミモチの実はブドウの房状にたくさんつく。

実と鳥　10月頃から黒くなりはじめるが、鳥が食べはじめるのは12月に入ってからが普通。この頃に実をついばむのはウソくらいである。垣根や庭、公園などに植栽されているものはあまり食べられないので、2月頃まで実が残ることが多く、その頃はレンジャク類の格好の食べ物になる。口に入れると少し苦味があり、ざらつく感じがする。

2月　実　北海道

12月　実　三重県

野鳥が好む木の実　11

1月　キジバト　宮城県

1月　ジョウビタキ　栃木県

ウメモドキ 落葉低木 秋 △ 庭 公園

モチノキ科（本州以南，九州以北）

◎ツグミ類，ジョウビタキなど

木の特徴 湿った落葉広葉樹林や，湿地に自生する落葉樹。大きくなっても樹高は約3m。赤く美しい実がつくことから庭や公園に植栽されることが多いが，雌雄別株なので，実を見たいなら庭に植えるときは雌株を選ぶ必要がある。植木市で実がついていることを確認するか，植木屋などに依頼するとよい。

実と鳥 10月頃から赤くなり，観賞用としては最適だが，鳥が喜んで食べることはない。なぜか昔から，鳥の好む木の実として紹介されてきたが，ほとんど食べられていないのが実情だ。ほかの木の実や食物が食べ尽くされた厳寒期にジョウビタキやヒヨドリが1〜2粒採食する程度である。自生しているものはほとんど食べられず，いつまでも残っていることが多く，黒っぽくしおれているのをよく見る。味らしきものはない。

1月　実　東京都

1月　実　新潟県

9月　キジバト　東京都

1月　キジバト　東京都

9月　ヤマガラ　東京都

エゴノキ

エゴノキ科（ほぼ全国）

◎キジバト，ヤマガラなど

木の特徴 平地から山地の雑木林や荒れ地など，いろいろな場所に自生する落葉樹で，樹高は約7〜8m。5〜6月に白い清楚な花が咲くので公園木としては最適だが，枝や葉を大きく広げるので，庭木としては不向き。また，別種のハクウンボクは，九州以北に自生し，エゴノキより小さいが形状が似た実をブドウの房のようにつける。

実と鳥 実は9月頃から熟しはじめるが，実がまだ青い段階でもヤマガラはちぎり取って中の種子を取り出して食べる。ヤマガラが本格的に採食しはじめるのは，実から種子が出てきてからで，普通は10月中旬頃から。その頃にはキジバトもやってきて種子を食べる。ヤマガラはその場で食べる以外にも，種子を採取してどこかへ運び，木のすき間や土の中，物陰などに貯蔵して冬場の食料不足に備えている。果皮に含まれるエゴサポニンは有毒である。

9月　実　東京都

エゴヒゲナガゾウムシの幼虫
種子に寄生する昆虫。鳥はこれを食べるという説もあるが，虫の入った種子はあまり好まないように見える

樹姿　東京都

5月　花　東京都

野鳥が好む木の実　13

11月 アカハラ 青森県

11月 アカハラ 青森県

エゾノコリンゴ 落葉高木 秋 ○ 公園

バラ科（中部地方以北）

◎ツグミ類, アトリ類など

木の特徴 主に寒冷地の湿地や林縁, 原野などに普通に自生する落葉樹。樹高は約5〜6mで, 枝葉を広げるので木全体の幅は結構大きくなる。土地に余裕がある北海道などでは公園にも植栽されているが, そのほかの地域では不向き。5〜6月頃に白くて美しい花が咲く。ズミによく似ているが, ズミの葉には切れ込み（鋸歯）があり, 本種には切れ込みがない。しかし, 切れ込みの少ないズミの老木もあるので, 区別しにくい場合もある。挿し木や実生で増やせるが, 生長に時間がかかりすぎる。

実と鳥 10月頃から熟しはじめ, その頃から鳥が採食する。渡来直後の冬鳥も食べるが, 北海道などでは実が熟す頃に鳥はすでに南下しはじめているので, 道南以外では実が残っている場所が多い。よく食べられるのは本州で, 渡来直後のツグミ類や漂鳥のカワラヒワなどのアトリ類もよく採食する。また, ヒヨドリやムクドリ, オナガなども食べる。どの木にも言えることだが, よく食べられる木とそうでない木がある。味は渋味が強い。

10月 実 青森県

11月 シメ 青森県

11月 シロハラ 青森県

6月 花 北海道

10月 樹姿 北海道

野鳥が好む木の実 15

11月 アトリ 東京都

12月 アトリ 東京都

エノキ

ニレ科（ほぼ全国）

◎ツグミ類，アトリ類など

木の特徴 丘陵から山地の日当たりの良いところに自生する落葉樹。樹高は約10〜20mにもなる。昔は街道の一里塚や村の境界などに植えられていたので，今でも大木が残っているところがある。日本の国蝶であるオオムラサキの食草が本種の葉なので，場所によっては植栽されている。また，公園木としてもよく植栽されるが，大木になることから庭木としては不向きだと思われる。本種とケヤキにはヤドリギがよくつくことでも知られている。

実と鳥 9月頃から茶色く色づきはじめ，その頃はメジロなどが丸のみしている。11月頃からは多くの鳥が採食しはじめ，アトリ類は果皮を取り除き，中の堅い種皮を破って食べる。さらに本格的に食べられるのは12月頃からで，ツグミ類をはじめ，多くの鳥がやってくる。年が明けると，実を丸のみにして，種子だけ吐き出したり，未消化の種子を糞と一緒に排泄する鳥がいて，それをアトリ類などが地上で採食している。果肉部分の味は干し柿のようだ。

12月 実 東京都

2月 コイカル 東京都

2月 コイカル 東京都

11月 実 東京都

11月 樹姿 千葉県

9月 実 東京都

野鳥が好む木の実 17

エノキ

12月 イカル 東京都

12月 キジバト 東京都

11月 オナガ 東京都

11月 トラツグミ 東京都

12月 イカル 東京都

1月 シロハラ 東京都

12月　オナガ　東京都

1月　ヒヨドリ　東京都

1月　オナガ　東京都

エンジュ

落葉高木　秋　△

マメ科(中国原産)

◎ムクドリ, オナガなど

木の特徴　落葉樹で, 樹高は普通約10mものが多く, 大きいものでは約20mにもなる。7〜8月頃にクリーム色の花が枝先に咲く。街路樹や公園木に使用されているものが多く, 庭木として植栽されることはほとんどないようだ。

実と鳥　実は10月頃から, 熟しすぎた枝豆のような種子が枝からぶら下がり, 早いと11月頃にムクドリが食べはじめる。葉が落ちて, 実が緑色から茶色くなりはじめた12月下旬頃にはオナガやヒヨドリも食べるようになるが, 一度に多くは食べず, 時間を置いて採食にやってくる。木によってはまったく食べられないものもある。味は苦味を感じる。よく似ているイヌエンジュやハネミイヌエンジュを鳥が食べることはほとんどないと思われる。

7月　実(イヌエンジュ)　東京都

10月　実(ハネミイヌエンジュ)　東京都

10月　樹姿(ハネミイヌエンジュ)　東京都

野鳥が好む木の実　19

2月　イカル（ヤマモミジ）　東京都

1月　ウソ（ヤマモミジ）　東京都

カエデ類（モミジ類）　

カエデ科（北海道以南，九州以北）

◎アトリ類など

木の特徴　ここでは26種あるといわれる日本のカエデ科カエデ属（一般的に「〜モミジ」「〜カエデ」と呼ばれるカエデ類）すべてを取り上げる。具体的には中央に2個の種子があり，それを覆う果皮が翼のように伸びた「翼果」をつけるイロハモミジ，ヤマモミジ，オオモミジ，ハウチワカエデ，イタヤカエデなどである。どの種も落葉樹で，樹高は種によってさまざまだが約10〜15m。公園木や街路樹に適していて，特に庭木には最適だ。種子でも，発芽したての幼木でもよく育つ。

実と鳥　種子は9〜10月頃には熟すが，鳥が食べはじめるのは年明け頃からが普通。採食する鳥は限られていて，よく採食するのはアトリ科のウソ，イカル，シメなどで，ほかは時折シジュウカラやヤマガラなどのカラ類が採食する程度である。しかし，ヤマモミジの葉柄の溝などには冬季，アブラムシが越冬していたり，その卵などがあることから，実が目当てではないキクイタダキやヒガラ，メジロなどもやってくるので，鳥の好む木なのだ。実の味は不明。

9月　実（ヤマモミジ）　東京都

2月 コイカル（ヤマモミジ）　東京都

2月 シメ（ヤマモミジ）東京都

9月 シメ（ヤマモミジ）　東京都

葉柄についたアブラムシ（拡大）

5月 ヤマモミジについたアブラムシ（矢印，右に拡大）を食べるキクイタダキ　青森県

野鳥が好む木の実　21

12月 ヒヨドリ(左)とトラツグミ　新潟県

1月　アカハラ　新潟県

カキノキ

カキノキ科（本州以南）

◎ツグミ類, ジョウビタキなど

木の特徴　カキノキ（一般的にはカキ）は中国から移入されたと言われ, いろいろな品種がある。大半は植栽されたものだが, リュウキュウマメガキだけが山地の日当たりのよい場所に自生する。落葉樹で樹高は品種によってさまざま。また, 人工交配や自然交配, 突然変異などにより「渋柿」と「甘柿」が生育する。果樹として栽培されているものから, 庭木や公園木としても広く植栽されている。庭に植える場合は, 鳥のためか食用かを吟味しよう。鳥のためであればやや大きく育てても良い。ピーンと長く伸びた枝と, 細かな枝は実がない時期に剪定しておこう。

実と鳥　地域によって違うが, 10月頃から食べはじめる。早い時期から食べる鳥の中には, 最初に嘴で実に傷をつけ, 熟すのを早めて採食するものもいる。甘柿よりも渋柿を好み, 多く食べるようになるのは11月下旬頃から。霜に何度か当たって, 年明け頃には渋味が抜けるが, 甘くなるわけではないのが不思議だ。ツグミ類をはじめ, キツツキ類, 時にはアトリも採食し, 植物質を食べる鳥でカキの実を食べない鳥はいないと思うほど多種類が食べる。

11月　実　東京都

12月 ツグミ 新潟県
12月 シロハラ 新潟県
1月 トラツグミ 新潟県
1月 ヒヨドリ 新潟県
12月 実（マメガキ） 新潟県
1月 実（マメガキ） 青森県

野鳥が好む木の実 23

カキノキ

1月 ムクドリ 新潟県
12月 スズメ 12月 東京都
1月 オナガ 東京都
12月 カケス 新潟県
1月 ハシボソガラス 山形県
1月 アオバト 新潟県
12月 キジ 新潟県

カキノキ

1月 アカゲラ 新潟県
12月 コゲラ 東京都
1月 アオゲラ 新潟県
1月 アトリ 新潟県
1月 エナガ 新潟県
1月 エナガとメジロ 新潟県
10月 メジロ 東京都

野鳥が好む木の実 25

3月　シロハラ　沖縄県石垣島

3月　シロハラ　沖縄県与那国島

ガジュマル（アコウ,ホソバイヌビワ,ハイイヌビワ）

常緑高木　春〜冬　◎

クワ科（鹿児島県屋久島以南）

◎ムクドリ類,ツグミ類,ジョウビタキなど

　木の特徴　平地から山地まで普通に自生している常緑樹。ほかの木に絡みついて成長し,大きくなると絡まれた木は枯れてしまうので「絞め殺しの木」とも呼ばれている。木は大きくなると樹高約20mにもなるので,公園木や街路樹には最適で,沖縄県では防風林や防潮林として重宝して植栽されている。その反面,大きくなることから個人の庭には少ないが,墓地にはよく植えられている。1粒の実の中にたくさんの種子が入る「花嚢(かのう)」という実がつく。

　実と鳥　実が熟すのは地域やその木の特性によってかなり違いがあるようで,12月に熟している木もあれば,3〜4月頃に熟す木もある。熟すと黒紫色になるが,その前の赤いうちから採食しはじめる。南西諸島ではクワと共によく食べられる実で,ツグミ類をはじめ,ムクドリ類,ハシブトガラスなど,いろいろな鳥が採食する。また,同じイチジク属のアコウの実もよく食べる。どちらも口に入れてみたが,これといった味はなかった。

6月　実（ガジュマル）　与那国島

3月　ヒヨドリ　与那国島

3月　シロガシラ　与那国島

実（ハマイヌビワ）　石垣島

6月　実（ガジュマル）　与那国島

6月　実（ホソバイヌビワ）　石垣島

野鳥が好む木の実　27

ガジュマル

3月 アカハラ 与那国島

3月 ツグミ 石垣島

9月 メジロ(アコウの実を採食) 石垣島

10月 メジロ(ホソバイヌビワの実を採食) 石垣島

1月　ヒヨドリ　東京都

1月　ツグミ　東京都

カナメモチ 常緑高木 秋 △

バラ科（中部地方以南，九州以北）

◎ツグミ類，ジョウビタキなど

木の特徴　山地の乾燥した斜面や沿岸地などに自生する常緑樹。自生のものはあまり多くはないというが，公園などでは植栽されたものが普通に生育している。樹高は6〜7mになり，5〜6月頃に白い花を咲かせる。葉もあまり大きくはならないので垣根などに適しているが，まとまりがない樹形になるので，庭木としてはあまり向いていない。

実と鳥　11月頃から色がつきはじめるが，基本的に鳥はあまり好まないようだ。それでも12月下旬頃からヒヨドリが食べはじめ，ほかの木の実などが少なくなるとツグミ類やメジロなどもやってくる。以前は鳥が食べる場面をほとんど見たことがなかったが，近年はよく見るようになった。赤く熟していても非常に堅く，味らしきものはなかった。

1月　メジロ　東京都

12月　カワラヒワ　東京都

11月　実　東京都

野鳥が好む木の実　29

3月 ヒヨドリ 鹿児島県奄美大島

3月 ヒレンジャク 奄美大島

カポック

ウコギ科(外来種)

◎ツグミ類, レンジャク類など

木の特徴 熱帯アジア, オーストラリア, ニュージーランド, ハワイ諸島などに150種ほどが自生するシェフレラ属の植物の総称としてこの名が使われ, 日本ではホンコンカポックやシェフレラカポックなどと呼ばれる。常緑樹で, 樹高はそう高くはならないので, よく観賞用の鉢植などにされているが, それらに実がつくことは少ない。一方, 南西諸島では畑の境や垣根などに植栽されていて, 実がよくついている。挿し木で簡単に増えるが, 寒さには弱い。

実と鳥 実がついて熟し, 鳥が食べるのは南西諸島がほとんどで, ほかの地方では多少実っているのを暖地で見る程度である。実は最初は黄色っぽく, 次第に赤くなり, 完熟すると赤黒くなる。奄美大島では3月に熟し, ツグミ類をはじめ, 多くの鳥が採食していて, レンジャク類の姿もあった。食べてみたら案外甘味があった。

3月 実 奄美大島

12月　メジロ　東京都

1月　ヒヨドリ　東京都

11月　ツグミ　東京都

ガマズミ

落葉高木　秋　△　公園

スイカズラ科(ほぼ九州以北)

◎ツグミ類, ジョウビタキなど

木の特徴　丘陵から山地に自生する落葉樹で, 大きいものでは樹高が約5mになる。5〜6月に白い花をつける。似ている木にコバノガマズミやミヤマガマズミがあり, いずれも花が美しく, 実もきれいなので公園木として植栽されるようになった。庭木としてはあまり利用されなかったが, 今後は増えると思われる。ただし, 入手は難しい。

実と鳥　10月頃から赤くなりはじめるが, 鳥はほとんど食べない。11月下旬頃から少しは食べられるようになるが, そう多くはなく, 年が明けて多少おしおれてきた実をメジロやヒヨドリがやっと1〜2粒食べる程度。茶色くしおれた実は食べ残されているが, これはコバノガマズミとミヤマガマズミも同じようなものである。味は多少の渋味がある。

11月　実　宮城県

10月　樹姿(ミヤマガマズミ)　長野県

野鳥が好む木の実

1月 ヒレンジャク 長野県

1月　実　栃木県

カンボク

スイカズラ科(北海道以南,中部地方以北)

◎ツグミ類,レンジャク類など

木の特徴 山地の林内に多く,原野などで多少湿り気がある場所にも自生する落葉樹。樹高は約3mで,高原地帯の落葉広葉樹林内の下生えとしてもよく見かける。6月頃に美しい白い花を咲かせる。実は美しいので観賞用に適していると思われるが,スイカズラ類には特有の毒があるためか,公園や庭木であまり見ることはない。

実と鳥 10月頃には熟すようだが,その頃に鳥が採食するのを見たことがない。厳寒期,落葉広葉樹林内にある赤く透きとおるような実は本種であることが多い。年明け頃からレンジャク類やヒヨドリが採食し,時にはツグミが食べるのを見るが,たいてい1〜2粒でやめてしまう。実に含まれる毒性と関係があるのかもしれない。自生木の実の毒や渋などは,何度かの霜で抜けると言われている。口にしたことがないので味は分からない。

9月　実　青森県

9月　実　青森県

32

5月　ヒレンジャク　新潟県

キヅタ

ウコギ科（本州以南、九州以北）

◎レンジャク類など

木の特徴　平地から山地の主に林縁に多く、明るい林内にも自生する。常緑のつる性植物で、気根を出しながらほかの木や崖などをはい上がる。初冬頃に黄緑色の小さな花が咲く。庭や公園の壁面緑化や、高速道路などでは雑草よけのグラウンドカバーにも使用される。その多くは園芸種として移入されたセイヨウキヅタで、斑入りのものなどが多い。

実と鳥　実が熟して鳥が食べはじめるのは5月頃だが、この頃は動物質の食べ物も多く、木の実を食べる機会は少ない季節である。それでもヒヨドリや渡去前のツグミなどが多少は食べている。本格的に採食するのはレンジャク類で、気に入ると数日間はその場から離れずに採食していることもある。口に入れたことはないので味はわからない。

2月　実　新潟県

2月　樹姿　新潟県

野鳥が好む木の実　33

11月　ツグミ　青森県

11月　アカハラ　青森県

キハダ

ミカン科(北海道以南,九州以北)
◎ツグミ類, ヒヨドリなど

木の特徴　平地から山地の林縁や林内など,いろいろな場所に自生するが,比較的水辺近くが多いようだ。落葉樹で,大きいものは樹高が約20mにもなる。雌雄別株で,花は6月頃に咲くが目立たない。木の皮は内側が鮮やかな黄色で,これを干して胃腸などの漢方薬として重宝されている。また,材は光沢があり,美しいという。しかし,公園木はもとより,庭木にも向いていないようで,そういう場所に植栽されているのを見たことはない。

実と鳥　木の実は10月には熟し,最初の頃はヒヨドリや夏鳥のクロツグミなどが食べはじめる。そして,夏鳥と入れ替わりに渡来した冬鳥のシロハラや,渡り途中のマミチャジナイなどが食べはじめると,実は一気になくなるほどよく食べられる。実のつく場所が高所のことが多く,しかも葉陰なので観察はしにくいが,ツグミ類以外の鳥も多く採食にやってくるので,野鳥と木の実の観察ではこの木を覚えることをおすすめする。口に入れると胃腸薬らしく,さすがに苦い。

10月　実　青森県

11月 樹姿 新潟県

10月 ヒヨドリ 青森県

10月 実 青森県

11月 マミチャジナイ 長野県

10月 ツグミ 青森県

野鳥が好む木の実 35

9月 メジロ 東京都

9月 メジロ（アマクサギ） 鹿児島県奄美大島

クサギ（アマクサギ） 落葉高木 秋 △

クマツヅラ科（ほぼ全国）

◎ハト類, メジロなど

木の特徴 平地から山地の, 日当たりのよい林縁や沿岸に多く自生する落葉樹。樹高は約5〜6m。花は8月頃に咲き, アゲハチョウの仲間がよく飛来する。南西諸島には変種のアマクサギが自生し, 両者の中間種もあると言われるが, どれもよく似ていて識別は難しい。公園や墓地などに植栽されていることがあるが, 庭木としては不向き。

実と鳥 関東地方では10月頃に熟すが, 南西諸島では9月頃にはすでに熟している。奄美大島ではオーストンオオアカゲラやアカヒゲが採食するようだ。本州ではジョウビタキとメジロが食べるのを見たことがあるが, それ以外ではあまり見ない。どちらにしても鳥が好んで採食する実ではないようで, どの木を見てもしおれた実が残っていることが多い。口に入れても味らしきものはないが, 葉や茎をちぎると臭気がある。

実（アマクサギ） 奄美大島 9月

実 東京都 9月

樹姿 東京都 9月

2月　ヒヨドリ　東京都

1月　シジュウカラ　東京都

クチナシ　常緑低木　秋　△　庭　公園

アカネ科（静岡県以南）

◎ヒヨドリ，メジロなど

木の特徴　平地から山地の林縁部から林内まで自生する落葉樹で，樹高は約2m。先島諸島では4月頃に花が咲き，北へ行くほど遅くなり，関東地方では植栽木が6月頃から咲きはじめる。花がやや大きい品種改良されたものが公園や庭木として植栽されるが，野生種も植栽されている。白い花が美しく，芳香もあり，庭木には最適。挿し木でよく育つ。

実と鳥　黄色く熟すのは10月頃からだが，果実が熟しても割れないので，中の種子が見えないことから「口ナシ」という名が付いたように，いつ熟したのかがわかりにくい。関東地方で鳥が食べはじめるのは12月頃から。好むというほどではないが，2月頃まで実があるとヒヨドリが頻繁に食べるのを見たことがある。食品の着色に使われるが，味は苦味を感じる。

11月　実　東京都

1月　メジロ　東京都

1月　ムクドリ　東京都

野鳥が好む木の実　37

6月　ムクドリ（ナツグミ）　東京都

6月　ヒヨドリ（ナツグミ）　東京都

グミ（アキグミ, ナツグミ）

落葉低木　夏〜秋　◎　庭　公園

グミ科（ほぼ全国）

◎ツグミ類, メジロなど

木の特徴　グミの仲間は多数あり, その多くは九州以北の沿岸から丘陵地に自生する。南西諸島には常緑樹のツルグミとマルバグミ, 本州中南部には同じく常緑樹のナワシログミもあるが, ここでは, 落葉樹のアキグミとナツグミの2種を取り上げる。両種ともに樹高は約3mで花は5月頃に咲く。アキグミはその年に実が熟し, ナツグミは翌年の6月頃に熟す。アキグミは潮風に強いことから砂防林に, ナツグミは公園木や庭木としても植栽されている。

実と鳥　グミの仲間は種類によって, 熟す時期がかなり違う。アキグミは10月頃から熟しはじめ, 海岸線に植栽されているものはカワラヒワやメジロなどがよく採食し, 冬にツグミ類が渡来するとそれらもよく食べる。味は非常に渋くて, とてもではないが食べられない。ナツグミは6月頃に熟し, 繁殖期ということもあるせいか, ムクドリやオナガ, ヒヨドリなどがとてもよく採食する。ナツグミのほうは完熟すると甘くてとてもおいしいのでよく食べられている。

6月　実（ナツグミ）　東京都

6月　実（ナツグミ）　東京都

1月 メジロ（アキグミ） 青森県（撮影 ● 宮彰男）

6月 オナガ（ナツグミ） 東京都

11月 実（アキグミ） 青森県

11月 実（アキグミ） 青森県

4月 実（マルバグミ） 神奈川県

野鳥が好む木の実 39

6月　ムクドリ（ヤマグワ）　青森県

6月　コムクドリ（ヤマグワ）　山形県

クワ（ヤマグワ，シマグワ，マグワ）

落葉高木　夏　◎　公園

クワ科（ほぼ全国）

◎ツグミ類，レンジャク類など

木の特徴　ここでは九州以北の丘陵から山地に自生するヤマグワと，南西諸島に自生するシマグワ，中国が原産のマグワの3つを，まとめてクワとして取り上げる。どれも落葉樹で，大きなものは樹高が10mを超えるものもある。クワの仲間は花が咲いてからすぐに実になり，そこから熟すまで早くて1～2か月ほど。公園にはあまり植栽されないが，庭木には植えられていて，特に沖縄地方では多く見かける。また，マグワは養蚕のために栽培されている。

実と鳥　本州では6月頃に熟し，ヒヨドリやオナガがよく採食し，この時期に巣立ちしたムクドリも好んで食べる。東北地方ではコムクドリや，時にはアカゲラなどが食べているのを見たことがある。南西諸島では3月頃から熟しはじめ，越冬にやってきたムクドリの仲間やツグミ類などが，群れで採食している姿をよく見かける。どこのクワも甘くて美味しいが，南西諸島のものは実が特に大きくておいしい。地元の人は庭に植えて採集している。

6月　実（ヤマグワ）　東京都

5月 ムクドリ（ヤマグワ）　東京都

6月 アカゲラ（ヤマグワ）　青森県

6月 シロガシラ（マグワ）　沖縄県与那国島

6月 実（ヤマグワ）　東京都

6月 樹姿（ヤマグワ）　東京都

6月 実（ヤマグワ）　東京都

野鳥が好む木の実　41

12月　アトリ　東京都

2月　カワラヒワ　東京都

ケヤキ

落葉高木　秋　○

ニレ科（本州以南，九州以北）

◎カワラヒワなど

木の特徴　平地から山地に自生し，公園や街路樹などのいろいろな場所によく植えられる落葉樹。古くからある屋敷には防風林として植えられていたり，天然記念物に指定されている地方の巨樹も多数ある。花は4〜5月頃に咲くが目立たず，目にする機会はあまりない。20〜25mもの大木になるので，庭木としては適さない。

実と鳥　実は10月頃に熟すようだが，紅葉した葉と同じ色をしているので，ほとんど目立たない。鳥も樹上で採食するよりも，落下した物を拾って食べていることが多いようだ。種子はとても小さくて，カワラヒワやアトリなどが食べる。ほかの鳥が採食するところを見たことがないが，マヒワやカラ類も食べると思われる。味は不明。

1月　実　千葉県

11月　樹姿　千葉県

ツグミ　青森県　11月

コシアブラ　落葉高木　秋　◎

ウコギ科（本州以南，九州以北）
◎ツグミ類，ヒヨドリなど

木の特徴 山地の林内に自生する落葉樹。8月頃に黄緑色の小さな花を枝の先端に多数つける。新芽は香りが良く，山菜として天ぷらなどにされて喜ばれる。そのため，早いうちから芽を摘まれ，樹高が5mくらいのものが多いが，自然に生育すれば約20mにはなる。公園木や庭木に植栽されることはほとんどない。

実と鳥 10月頃に黒く熟し，多くの鳥が採食する。恐山（青森県）の自生地には，10月下旬頃にツグミをはじめとする冬鳥が群れでやってくる。早朝に大挙して実を採食し，10時頃にはまったくいなくなる，ということを数日間くり返す。コシアブラは中部地方にも多いので，多くの鳥が採食していると思われるが，私はまだ見たことはない。味は苦味があり，まずかった。

11月　実　青森県

11月　樹姿　青森県

野鳥が好む木の実　43

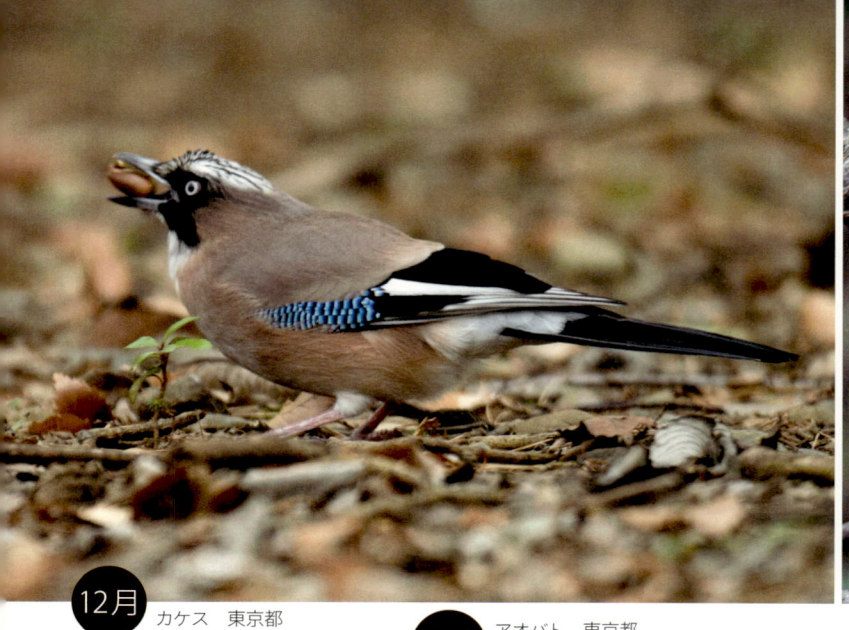

12月　カケス　東京都
11月　カケス　東京都
2月　アオバト　東京都
2月　オシドリ　愛知県
10月　実　東京都
10月　実（未成熟）　東京都

コナラ

落葉高木　秋　◎

ブナ科（本州以南，九州以北）

◎ハト類，カケスなど

木の特徴　平地から山地の雑木林を形成する代表的な樹木である。落葉樹で，樹高は約20mの大木にもなる。ここではコナラを中心に，ミズナラやシラカシ，ブナなどの種子（ドングリ）があまり大きくはない種をまとめて紹介する。花は4月頃から咲き，垂れ下がる黄色っぽい雄花は目立つが，枝の先端につく小さな雌花は目立たない。材木はシイタケ栽培の原木として利用される。また，薪にも利用されるが，庭に植栽されることはほとんどない。

実と鳥　ドングリは10月頃から熟し，早い時期にカケスが嘴にくわえて貯蔵場所に運ぶことがある。11月頃からはオシドリやアオバトが好んで採食し，立て続けに何個も食べる。一方，クヌギやカシワなどの大きなドングリはほとんど食べられないと思われる。ブナのドングリは炒ると甘味があって美味しいが，ほかのドングリは渋味の強いものが多い。

10月　キビタキ　東京都（撮影●宮崎勝）

10月　キビタキ（若鳥）　東京都（撮影●宮崎勝）

コブシ　落葉高木　秋　○　庭　公園

モクレン科（本州以南,九州以北）

◎ヒタキ類, アオゲラなど

木の特徴　丘陵や山地の比較的明るい林などに自生する。落葉樹で,大きなものは樹高が10mを越えるものもある。花は白くて香りが良く,ハクモクレンの花を小さくしたような花である。花がよいこともあって,庭木には最適で,公園木や街路樹にも植栽されている。タムシバやシデコブシ,オガタマノキなどの実も同じような実でよく似ている。

実と鳥　実は10月頃に熟し,その頃には夏鳥のヒタキ類が採食し,アオゲラも好んで食べている。実はけっこう早く熟して地上に落ちてしまうので,採食する鳥も地上で食べることがある。冬鳥が渡来する頃には,木についている実は極端に減り,木で食べる姿を見ることは少なくなる。味は不快な香りと共に渋味があり,わずかにピリッとした。

10月　実　東京都

10月　実　東京都

9月　樹姿　東京都

野鳥が好む木の実　45

12月　イカル　東京都

ゴンズイ 落葉高木 秋 △ 公園

スイカズラ科（関東地方以南，九州以北）
◎イカル，ツグミ類など

木の特徴　主に平地から丘陵の，日当たりのよい林縁部に自生する。落葉樹で，普通は樹高5～6mのものが多い。花は目立たないが，5～6月に小枝の先端部に黄緑色の小さな花がたくさんつく。木の実は赤く，見た目にもなかなかよいが，樹形があまりよいとは言えないせいか，公園木はもとより庭木としてもあまり植栽されない。

実と鳥　実は9月頃に赤く見えはじめ，その後，皮が割れて小豆のような堅さの黒い種子が1～2個出てくる。私はこの実を食べる鳥の姿はずっと見たことがなかったが，2010年の秋にイカルの大群が黒い種子を夢中で採食している姿を見て，鳥が食べることを初めて知った。しかし，食べない年のほうが多いことも確かなようだ。味は不明。

12月　実　東京都

12月 ツグミ 東京都

12月 シメ 東京都

12月 シロハラ 東京都

12月 実 東京都

9月 樹姿 東京都

野鳥が好む木の実 47

6月 ムクドリ(ウワミズザクラ) 東京都

3月 ヒヨドリ(カンヒザクラ) 鹿児島県奄美大島

サクラ類(ヤマザクラ, ウワミズザクラなど)

落葉高木 春〜夏 ◎ 庭 公園

バラ科(ほぼ全国)

◎ムクドリ, アカゲラ, アオバトなど

木の特徴 ここでは, ソメイヨシノのような園芸品種や, カワヅザクラのような突然変異でできたものも含み, 一般的なサクラ属の木本を取り上げる。花は南西諸島では1月頃から咲き, 北海道東部や亜高山帯では5月頃に咲くものもある。花の色は白色〜赤色まであり, 日本人には昔から特に親しまれている。落葉樹で樹高は約5〜20m。自然のものは平地から山地に自生し, 公園や街路樹などにも広く植栽されて, 庭木としても重宝されている。

実と鳥 南西諸島ではカンヒザクラが3〜4月頃, 関東地方ではソメイヨシノやウワミズザクラが6月頃, 北海道などではエゾヤマザクラが7月頃に熟す。種類や品種に限らず, どの実も鳥にとってはよい食べ物になっている。関東地方ではムクドリが中心で, オナガやヒヨドリも採食し, 北海道ではアカゲラやアオバトが採食する。実が熟す頃は子育ての時期に重なり, 雛には動物質のものを与える鳥が多いのが普通だが, 採食しやすいサクランボはよく与えている。味は苦味があるが, 甘味も多少ある。

7月 実(ウワミズザクラ) 東京都

5月 ムクドリ（ヤマザクラ）　東京都

6月 ヒヨドリ（ウワミズザクラ）　東京都

6月 実（ウワミズザクラ）　東京都

6月 実（ソメイヨシノ）　東京都

6月 花（ウワミズザクラ）　群馬県

3月 花（ソメイヨシノ）　千葉県（撮影●中村友洋）

野鳥が好む木の実　49

サクラ類

7月　実（エゾヤマザクラ）　北海道

7月　実（エゾヤマザクラ）　北海道

10月　樹姿（ソメイヨシノ）　東京都

3月　樹姿（ソメイヨシノ）　千葉県（撮影●中村友洋）

サクラ類

7月 アオバト（エゾヤマザクラ）　北海道

6月 キジバト（ウワミズザクラ）　東京都

6月 アオゲラ（ウワミズザクラ）　東京都

6月 ムクドリ（ヤマザクラ）　東京都

6月 ムクドリ（ソメイヨシノ）　東京都

野鳥が好む木の実　51

サクラ類

6月 ハシブトガラス（ウワミズザクラ）　東京都

6月 オナガ（ソメイヨシノ）　東京都

7月 アカハラ（エゾヤマザクラ）　北海道

6月 メジロ（ウワミズザクラ）　東京都

7月 イカル（エゾヤマザクラ）　北海道

1月　マヒワ　東京都

12月　カワラヒワ　東京都

サルスベリ　落葉高木　秋　○　庭　公園

ミソハギ科（中国原産）

◎カワラヒワ，マヒワなど

木の特徴　江戸時代以前に移入され，各地に植栽されたという。落葉樹で，大きなものは樹高が10m近くになるが，普通は約5～6m。花は7～10月頃と長く咲き，色は白から赤，紫色までいろいろある。公園木や街路樹にもよく植栽され，庭木としても最適。どこから切っても翌年には花が咲き，挿し木もよく付くので，増やすのは簡単である。

実と鳥　実は枝の先端につき，11月頃になると丸い実は茶色くなって6つに裂けて，中から約4mmの翼のある種子が見えはじめる。鳥はふだんはあまり食べないが，マヒワやカワラヒワが多く渡来したときには，食物不足のせいか，よく食べるようになる。しかし，ヒワ類以外の鳥が採食するのを私は見ていない。味は何もしなかった。

8月　花（白花）　東京都

8月　花　東京都

野鳥が好む木の実　53

10月 ムギマキ　東京都（撮影●福井俊一）

サワフタギ　落葉低木　秋

ハイノキ科（本州以南，九州以北）

◎ヒタキ類など

木の特徴　丘陵から山地の林内に自生する落葉樹で，樹高は約3〜4mまでのものが普通。5〜6月頃に白くて細かな花を咲かせるが，意外と目立たないようだ。日本海側に自生するものをオクノサワフタギというが，花も実もサワフタギとは変わらない。どちらも，公園木としても庭木としても植栽されることはまずないようだ。

実と鳥　10月頃から藍色の美しい実が付き，メジロや渡り途中のムギマキ，キビタキなどが採食するが，ほかの鳥が採食するのを私は見ていない。サワフタギの仲間に黒い実を付けるタンナサワフタギやクロミノニシゴリなどがあり，同じような種類の鳥が採食すると思われる。サワフタギは味らしいものがなく，ほかは口に入れたことがないので，味は不明。

10月　実　長野県

10月　実　長野県

10月　実　長野県

54

10月　メジロ　沖縄県石垣島

10月　メジロ　東京都

9月　エナガ　東京都

サンゴジュ 常緑高木 秋 ○ 庭 公園

スイカズラ科（関東地方南部以南）

◎メジロ、ヒヨドリなど

木の特徴　海岸沿いの砂地のような場所によく自生し、谷すじには特に多いようだ。常緑樹で大きなものは樹高が約20mになる。5〜6月頃に小枝の先端に細かくて白い花をブドウの房のように咲かせる。海岸近くの家では大きな生け垣として、そのほかは防風林や街路樹、庭木などと幅広く植栽されている。挿し木でもよく付く。

実と鳥　実は8月頃から赤くなりはじめ、9月に黒く熟す実もある。鳥が食べるのは、南西諸島で6月にキビタキが採食しているのを見たことがある。本州では熟しても11月頃にならないとあまり食べないようで、食べても1〜2粒をつつく程度である。それでもメジロをはじめ、ムクドリやヒヨドリ、エナガなどが時折採食する。味は不明。

9月　実　東京都

9月　実　東京都

9月　実　東京都

野鳥が好む木の実　55

1月 ハシボソガラス（カラスザンショウ）新潟県

11月 メジロ（カラスザンショウ）宮崎県（撮影●川野 惇）

サンショウ（カラスザンショウ, イヌザンショウ）

ミカン科（北海道以南, 九州以北）

落葉低木 秋 ○ 庭

◎メジロ, ヒタキ類など

木の特徴 平地から山地の, やや湿り気のある林縁や林内に自生する。落葉樹で樹高は2～3mのものが多く, 大きくても約5mであるが, カラスザンショウは10mを超す。新芽は「木の芽」と呼ばれ, 料理の添え物に利用されたり, 薬用にもなる。また, 木の幹はすりこぎに利用される。利用価値が高いことから畑で栽培されるほか, 庭木として植栽される。雌雄別株である。カラスザンショウとイヌザンショウは公園木や庭木にとしては大きくて, 樹形もよくないので不向き。

実と鳥 実は9～10月頃に赤く熟すが, それは果皮で, その果皮が裂けた中から出てくる黒っぽい種子を鳥は採食する。山地に自生する実はオオルリなどが採食し, 平地の庭や畑などではメジロなどが採食しているのを目にする。サンショウクイは名前に反して食べることはないとずっと思っていたが, 山地のミズキの実を食べることが近年わかったので, もしかすると本種の実も食べるかも知れない。口に入れるとピリッとした辛味がある。

9月 実（サンショウ）長野県

9月 実（サンショウ）長野県

9月　キジバト（サンショウ）東京都

9月　メジロ（サンショウ）東京都

9月　実（イヌザンショウ）　新潟県

9月　実（イヌザンショウ）　新潟県

11月　実（カラスザンショウ）　宮崎県

11月　実（カラスザンショウ）　宮崎県

野鳥が好む木の実　57

オナガ 東京都 12月

シャリンバイ 常緑低木 秋 △ 庭 公園

バラ科(山口県, 四国, 九州, 沖縄県)
◎ムクドリ, オナガなど

木の特徴 主に海岸から海岸線に近い山地などに自生する。常緑樹で, 樹高は約3〜4mまでしか伸びない。5月頃に白くて梅に似た花が咲く。葉の丸いものをマルバシャリンバイといい, 沖縄県に自生するものはホソバシャリンバイという。道路の分離帯によく植栽されているほか, 庭木や公園木としても多く植えられている。

実と鳥 実は10月頃から黒紫色に熟しはじめるが, 鳥が食べるようになるのは早くても11月下旬頃から。私が見た限りでは, 鳥が好んで採食することはないようだが, 暖地のものはムクドリ類やツグミ類がよく食べているのではないかと思われる。関東地方では時々オナガが食べる程度。味は少し渋味があり, 不快な感じがする。

10月 実 東京都

12月　ムクドリ　新潟県

12月　シロハラ　東京都

シロダモ

常緑高木　秋　○

クスノキ科（東北地方南部以南）
◎ムクドリ，ツグミ類など

木の特徴　海岸線から山地の比較的暖かい場所を好み，日本海側では南斜面に多く自生するという。常緑樹の中では耐寒性が強い方で，大きなものは樹高が10数mにもなる。黄褐色の花は10〜11月頃に咲き，実は翌年付くが，雌雄別株なので実が付かない木もある。防風林や公園木に植栽されるほか，庭木に植栽するところがある。

実と鳥　実が熟すのは花が咲いた翌年の11月頃だが，鳥が採食しはじめるのは，早くても12月に入ってから。最初の頃はムクドリが食べ，徐々にヒヨドリやツグミ類も食べはじめる。しかしあまり多くは食べず，その後，年明け頃からヒヨドリやムクドリが夢中で採食するようになる。まだ口に入れていないので味はわからない。

樹姿　千葉県　11月

実　千葉県　11月

10月　実　東京都

野鳥が好む木の実　59

1月　ヒガラ（スギ）　新潟県

5月　マヒワ（スギ）　青森県

2月　カワラヒワ（サワラ）　東京都

スギ（サワラ, ヒノキ）　常緑高木　秋　○

スギ科（本州以南, 屋久島以北）

◎カラ類, マヒワなど

木の特徴　サワラやヒノキなども同じ仲間として取り上げる。自生木は山地の沢沿いなどに多いが, 比較的どこでも生育する。だが, よく目にするのは人工的に植林されたものだ。常緑樹で, 大きなものは樹高が約40～50mにもなる。花は3～4月に咲き, 雄花の花粉は風に飛ばされて花粉症の原因になる。建築材として多く利用される。

実と鳥　実は10～11月頃に熟し, 12月頃にはそれが割れて, 中から小さな種子が出てくる。ヒガラなどのカラ類のほか, 鳥によっては樹上で採食することもあるが, 普通は地上に落ちた種子を食べていることが多い。渡り途中のマヒワやカシラダカが, 地上で採食していたのを見たこともあるが, 好んでいるかは不明。味もわからない。

1月　マヒワ（サワラ）　東京都

1月　実（サワラ）　東京都

11月　アカハラ（キミズミ）　山梨県

11月　キレンジャク　新潟県

11月　カワラヒワ（キミズミ）　山梨県

ズミ

落葉高木　秋　△

バラ科（九州以北）

◎アトリ類，ツグミ類など

木の特徴　山地から高原の少し湿り気のあるところを選ぶように自生している。落葉樹で，樹高は約7～8m。5～6月頃にリンゴと同じような白い花を咲かせることから，「コリンゴ」や「コナシ」などとも呼ばれる。花の咲きはじめはピンク色で，咲ききると徐々に白っぽくなる。東北地方や北海道では公園木としてもよく植えられていて，庭木に植栽しているところもある。昔はリンゴを挿し木する台木に使用していたようだ。

実と鳥　実は10月頃から熟しはじめ，鳥はその頃から食べはじめるが，最初は1～2粒食べる程度。普通は12月頃から採食しはじめるが，全般的には好まれないようで，食べ残された実が黒ずんで木についたまま，しなびているのをよく目にする。ただし，レンジャク類が多く渡来した年には，レンジャク類がよく食べている。そういう年はほかの木の実も少ないせいか，ほかの鳥もよく採食するようだ。実は渋くて，おいしいとは言えない。

12月　実　新潟県

9月　葉　長野県

野鳥が好む木の実　61

12月 ヒヨドリ 東京都　　　　　　　　　　　　　　　　　　　12月 ヒヨドリ 東京都

センダン

センダン科（本州以南）

落葉高木　夏〜秋

◎ヒヨドリなど

木の特徴 四国，九州，南西諸島に自生するが，本州の伊豆半島以西の暖地でも自生しているという説もある。主に海岸近くの，日当たりのよい場所を好んで生育している。落葉樹で，樹高は普通約10mだが，時には20m近くになるものもある。花は南西諸島では3月頃から咲きはじめ，本州では5〜6月に咲いている。公園木としては良い。

実と鳥 実は南西諸島では8月頃に，本州では10月頃に熟す。しかし，鳥が食べはじめるのは本州では早くても11月下旬頃で，ほとんどがヒヨドリばかりである。多くの実は翌年まで残っていて，年によってはムクドリやイカル，ミヤマガラスなどが少し食べる程度である。口に入れてみたが，言葉では説明できないような嫌な味がした。

1月 実 東京都　　　　　　　　　　　　　　　　　　　　12月 実 東京都

2月　ミヤマガラス　鹿児島県

1月　ムクドリ　東京都

1月　イカル　東京都

3月　花　沖縄県石垣島

野鳥が好む木の実　63

1月　ムクドリ(メダラ)　新潟県

9月　メジロ　長野県

タラノキ(メダラ)

落葉高木　秋　○

ウコギ科(九州以北)

◎メジロ, ムクドリなど

木の特徴　丘陵から山地の荒れ地や斜面などに群生して自生する。落葉樹で, 時には10m近くの樹高になることもあるが, 新芽が美味しいことから山菜として採集されるので, あまり大きくならないものが多い。本種は鋭いトゲがあるが, 山菜として栽培されているものは「メダラ」といい, 葉や茎にほとんどトゲがない。

実と鳥　実は9〜10月頃に黒紫色に熟し, ムクドリが早くもその頃から食べはじめる。山地にある自生木の実は, エゾビタキなどのヒタキ類やツグミ類が採食するが, 実を付けている木が少ないので, 観察する機会はなかなかない。畑で栽培しているメダラもよく採食されるが, そういうところでもまったく鳥が来ない木もある。味は熟すと甘味があるが, 渋味もある。

9月　実　長野県

9月　メジロ　長野県

12月　ヒヨドリ　東京都　　　　　　　　　　　　　　　　　　12月　ヒヨドリ　東京都

タラヨウ　[常緑高木] [秋] [○]

モチノキ科（静岡県以南，九州以北）

◎ヒヨドリなど

木の特徴　山地の林内に自生する常緑樹で，大きなものは樹高が約20mにもなる。花は5〜6月に，前年の短枝に黄緑色の小さな花をまとめて付ける。葉の裏を堅いもので引っかくと，そこが黒く変色するので文字などを書くことができる。よく寺院に植栽されているほか，公園や個人の庭でも見かけるが，大きくなるので庭には不向き。

実と鳥　10月頃から赤く熟しはじめるが，鳥が採食するのは早くても12月頃からである。夢中で食べるのはヒヨドリで，1本の木の実すべてをヒヨドリだけで食べ尽くしたのを見たことがある。ツグミ類やムクドリ，メジロなども稀に採食するが，葉が大きいことなどから鳥の姿は確認しにくい。口に入れてみたが，味らしいものはなかった。

12月　実　東京都　　　　　　　　　　　　　　　　　　　　12月　樹姿　東京都

野鳥が好む木の実　65

1月　ツグミ　新潟県

1月　ウソ　新潟県

ツルウメモドキ 落葉高木 秋 ○

ニシキギ科（ほぼ全国）
◎ツグミ類，ウソなど

木の特徴 山野の林縁部に多く自生する落葉つる性木で，10数mまで伸びるものがある。花は5～6月に咲くがあまり目立たない。雌雄別株なので，実を見るなら植えるとき雌株を選ぶ必要がある。秋に赤く熟す実が美しいので，広い庭ならば別の木に絡ませるなどすると見応えがある。また，果実をリースにして，よく花材に利用される。

実と鳥 10月頃から黄色くて丸い実が目立ちはじめるが，これは果肉を包む皮。この皮は普通，11月頃からはじけて，中から3つに割れた赤い果肉が見えるようになる。その頃になるとツグミ類やヒヨドリなどが採食しはじめ，その後冬鳥としてやってきたウソも好んで食べる。種子は赤い果肉の中にあり，ウソはこの種子の部分を食べているように見える。そのほかの鳥は実を丸のみにしてしまうので，果肉も種子も食べていることになる。味は不明。

10月　実　新潟県

12月 ヤマドリ 新潟県

1月 キジバト 新潟県

12月 ウソ 新潟県

12月 メジロ 東京都

10月 実（黄色の皮の中から赤い果肉が見える）　青森県

野鳥が好む木の実　67

10月 アカハラ　長野県

ツルマサキ 常緑つる性 秋 △

ニシキギ科(ほぼ全国)

◎ツグミ類,アオゲラなど

木の特徴 平地から山地の主に林縁部に多く自生する常緑のつる性木で,気根を出してほかの木に絡みつき,10数mの高さまで登ることもある。花は6〜7月頃にマサキと同じような黄緑色の花を咲かせる。公園木にも庭木にも植栽されることはほとんどないと思われる。見た目があまりよくないためだろうか。

実と鳥 実は最初の頃は黄白色で,それが熟すと中から赤い実が飛び出してくる。普通は11月頃に熟すが,高地のものは10月頃から熟して,渡来直後のツグミ類などが採食する。また,長野県の戸隠高原では,旅鳥のムギマキが採食することは有名だ。平地では鳥たちにあまり好まれないようで,最後まで食べられないまま落下してしまうものが多い。しかし,どの木にも言えることだが,場所によってはよく食べられている可能性もある。味は不明。

10月　実　長野県

10月 マミチャジナイ　長野県

10月 ムギマキ　長野県

10月 アオゲラ　長野県

1月 樹姿　新潟県

野鳥が好む木の実　69

12月 シロハラ　東京都

1月 ムクドリ・ヒヨドリ　東京都

トウネズミモチ（ネズミモチ）

モクセイ科（中国原産, ネズミモチは関東地方以西）

常緑高木　秋　◯

◎ヒヨドリ, ツグミ類など

※本項の写真はすべてトウネズミモチ

木の特徴　本種とよく似ているネズミモチも一緒に紹介する。どちらも常緑樹で, 中国原産のトウネズミモチは樹高が10m以上にもなる。一方のネズミモチは暖地の山地に自生し, 樹高は約5mくらい。公園などでよく見られるトウネズミモチの葉は, 先がネズミモチよりも細長くとがる。花はどちらも6月頃にブドウの花のような状態で咲く。ネズミモチは公園や庭木に植栽されることが多く, トウネズミモチは高速道路の脇や公園に植栽されている。

実と鳥　ブドウの房のように実る実は, どちらも10月頃から紫色がかった黒色になり, 12月頃になると熟して, 白っぽく粉をふいたようになる。その頃になるとヒヨドリが最初に食べはじめ, 徐々にいろいろな鳥も採食するが, ムクドリやツグミが中心である。高速道路の脇に植栽されているものはヒヨドリとムクドリがほとんど食べてしまう。公園などではメジロやツグミ類も食べるが, そう本気で食べているとは思えない。味というほどのものはない。

11月　実　東京都

1月　実　鹿児島県

12月 シロハラ 東京都

1月 アカハラ 東京都

1月 メジロ 東京都

1月 ムクドリ 東京都

12月 ヒヨドリ 東京都

野鳥が好む木の実 71

1月　キレンジャク　北海道

1月　アトリ　北海道

ナナカマド 落葉高木 秋 ◎ 庭 公園

バラ科（九州以北）

◎アトリ類, ツグミ類, レンジャク類など

木の特徴 本種の仲間にはウラジロナナカマドなど, 数種あるが, ここではそれらもまとめて取り上げる。落葉樹で大きなものは樹高約10mになるものもある。北海道では平地から山地に自生し, それよりも南では山地から亜高山帯に自生する。白い花は5〜7月に咲く。寒冷地では街路樹や高速道路沿いに植栽され, 公園や庭木としても最適である。しかし, 暖地では生育しにくいようで, 植えても数年で枯れてしまうことが多いようだ。

実と鳥 実は9〜10月頃から赤く熟しはじめ, 10月頃には渡来したてのツグミや留鳥のムクドリなどが採食する。その後, 12月頃になると多くの鳥が採食するようになり, 冬鳥のレンジャク類が多い年だと実は早くなくなり, 少ない年は翌年まで実が残っている。また, ツグミ類やカワラヒワなどのアトリ類もよく採食するので, これらの鳥が多い年も実がなくなるのは早い。どの種も味らしきものは特にないが, ミヤマナナカマドはジャムや果樹酒などに加工される。

10月　実　青森県

10月　実　青森県

72

1月　ノドアカツグミ　北海道

10月　ムクドリ　青森県

11月　ウソ　青森県

1月　ツグミ　新潟県

1月　カワラヒワ　青森県

6月　花　北海道

10月　樹姿　青森県

野鳥が好む木の実　73

12月　エナガ　東京都

11月　シジュウカラ　東京都

ナンキンハゼ　落葉高木　秋　◎　公園

トウダイグサ科（中国原産）

◎シジュウカラ, スズメなど

木の特徴　落葉樹で大きなものは樹高約15mになる。6～7月頃に小枝の先端に黄緑色の花が、長い穂のように連なって咲く。各地に植栽されているが、特に関東地方以西に多い。鮮やかに赤くなる紅葉が非常に美しいことから、公園木はもとより、街路樹や庭木にも植えられている。かつては種子から蝋を採集していたという。

実と鳥　実は10～11月頃に褐色に熟し、その後皮が割れて、中から白い薄皮に包まれた、茶褐色の3個の種子が出てきて、鳥はそれを食べる。鳥が食べはじめるのは主に12月頃からで、多くの種類の鳥が採食すると思われる。本種の実は有毒と伝えられてはいるが、鳥には問題がないのかもしれない。種子は直径が約7mmもあるのに、体の小さなエナガも食べるし、ツグミ類やカラス類、ハト類などが採食しているのを見たこともある。味は不明。

11月　実　東京都（撮影 ● 中村友洋）

9月　実　東京都

12月 メジロ　東京都

12月 ジョウビタキ　東京都

12月 キジバト　東京都

12月 スズメ　東京都

11月 紅葉　大阪府

10月 樹姿　東京都（撮影 ● 中村友洋）

野鳥が好む木の実　75

1月　ヒヨドリ　東京都

1月　ヒヨドリ　東京都

1月　ツグミ　東京都

ナンテン　常緑低木　秋　△　庭

メギ科（関東地方南部以南，九州以北）

◎シジュウカラ，スズメなど

木の特徴　山野に自生しているが，在来の植物かを疑問視する意見もあるようだ。しかし，山口県には本種とユズの自生地として国の天然記念物になっている場所がある。常緑樹で庭木に多く植栽されているほか，寺院などにもよく植えられている。5～6月頃に枝先に白い花を多数付ける。実が白いものをシロミノナンテンという。本種は移植を嫌うので，種をまくか苗木を植えるしかない。

実と鳥　実は10～11月頃に赤く熟すが，鳥が採食しはじめるのは早くても12月に入ってからで，多くは年明け頃からだ。しかも食べるのはほとんどがヒヨドリで，あとは時々ツグミとジョウビタキが採食する程度。ほかにも食べる鳥はいると思われるが，私はまだ見たことがない。味は青臭さがあり，渋味がない。熟していないリンゴのようだ。

12月　実（シロミノナンテン）　東京都

1月　実　東京都

76

2月 ハシブトガラ　北海道

10月　エナガ　山梨県

ニシキギ（コマユミ） 落葉低木 秋 ○ 庭

ニシキギ科（九州以北）

◎ツグミ類, カラ類など

木の特徴 丘陵から山地の林縁部や林内に自生する。落葉樹で樹高は約3mにしかならない。若い枝には褐色で板状の翼のようなものがある。5～6月頃に黄緑色の小さな花が咲く。実も紅葉も美しいので庭木や公園に植栽されているが, これらは枝の翼を発達させて増殖したものだという。枝に翼ができないものをコマユミという。

実と鳥 10月頃に赤黒い皮に包まれた種子が割れて, 中から赤橙色の種子が出てくる。種子が出てきても鳥が採食しはじめるのは年明け頃から。コゲラやアトリが採食するのを見たことがあるが, そのほかの鳥が食べることはそう多くはなく, エナガなども採食するが1～2粒食べるとやめてしまう。口に入れても味らしきものはあまりない。

10月　実（枝に翼がある）　東京都

10月　実　長野県

9月　実（コマユミ, 枝に翼がない）　新潟県

野鳥が好む木の実　77

1月　カワラヒワ　東京都

1月　マヒワ　東京都

ニレ(アキニレ, ハルニレ)

落葉高木　秋　○

ニレ科(ほぼ全国)

◎カワラヒワ, マヒワなど

※本項の写真はすべてアキニレ

木の特徴　ハルニレ, アキニレともに落葉樹で, ハルニレは主に北海道に自生し, 種子が熟すのはほかの木の実より早めの6月頃。鳥が採食する秋に実は落下してしまうので, ここではアキニレを中心に取り上げる。アキニレの自生地は中部地方以西だが, 関東地方では公園や街路樹, 庭木, 時には護岸用としても多く植栽されているので, 見る機会は多い。

実と鳥　アキニレの種子が熟すのは11月頃だが, 鳥が採食しはじめるのは年明け頃からだ。平べったい翼のような果実の中央に種子がある。関東地方では主にカワラヒワが採食し, 年によってマヒワも食べるが, そのほかの鳥が食べるのを私は見たことがない。ただ, アトリなどが採食する可能性はあると思われる。しかし, 年によってはまったく食べられていない年があるので, やはり, 種子を好む鳥の渡来状況によるのかもしれない。味は不明。

11月　実　大阪府

8月　葉　東京都

7月 コムクドリ（エゾニワトコ）　北海道

5月 イイジマムシクイ　東京都三宅島

6月 オオヨシキリ　宮城県

ニワトコ（エゾニワトコ）

落葉高木　春〜夏

スイカズラ科（九州以北）

◎ムクドリ類，ウグイス類など

木の特徴　ここではニワトコ，エゾニワトコをまとめて取り上げる。落葉樹で，山野の主に林縁部に自生し，大きくなっても樹高は5〜6mくらい。枝が密に重なり合い，花は4月頃にブドウの房のように咲く。枝がだらしなく広がるせいか，庭木としては元より，公園木としても植栽されないようだ。本種には変異木が多いことがよく知られている。

実と鳥　ニワトコは5〜7月に熟し，エゾニワトコは7〜8月に赤く熟す。伊豆諸島の三宅島では，イイジマムシクイがさかんについばんでいたし，6月の宮城県伊豆沼ではオオヨシキリがさえずりながらついばんでいた。また，青森県と北海道ではコムクドリの幼鳥が夢中で採食していたのを観察した。しかし，食べ尽くすほどの勢いではないので，特に好むというほどではないのかもしれない。実は有毒と言われており，まだ口に入れたことはない。

9月 実（ニワトコ）　青森県

9月 樹姿（エゾニワトコ）　北海道

野鳥が好む木の実　79

1月　ヤマドリ　新潟県

1月　アオゲラ　新潟県

ヌルデ

落葉高木　秋　◎

ウルシ科（ほぼ全国）

◎ツグミ類, アトリ類, キツツキ類など

木の特徴　平地から山地の, 主に林縁部に普通に自生し, 高速道路脇の法面や伐採後の裸地などに最初に芽を出す。落葉樹で, 大きくなっても樹高が10mに達することは少ない。葉の主脈（葉軸）の左右に小葉が並ぶ羽状複葉だが, その主脈に翼があることで, ほかの似ている羽状複葉の木と識別できる。雌雄別株。花は8月頃に咲く。ウルシに似ているが, ウルシのようにかぶれることはない。

実と鳥　10月頃から熟し, シジュウカラなどその頃から食べはじめる鳥もいる。しかし, 多くの鳥は12月頃から採食しはじめる。採食する鳥の種類はたいへん多く, 南西諸島ではアカヒゲやキツツキ類, 寒冷地ではヤマドリやトラツグミも採食する。本種の実を採食する鳥の種類を数えると, 今まで観察したものだけで25種類にもなった。鳥は本種に限らず, ウルシ属の木の実をよく採食する。実から分泌物が出て白くなると, 酸味のある塩辛い味がする。

9月　実　北海道

12月　シジュウカラ　新潟県

12月　イカル　新潟県

1月　ツグミ　新潟県

1月　ジョウビタキ　新潟県

1月　シロハラ　新潟県

10月　葉。これ全体で1枚の葉を形成する。中央の主脈（葉軸）の両側に葉（小葉）が出る。先端に1枚の葉が付き，小葉の枚数が奇数になることから「奇数羽状複葉」という。また，葉軸に沿ってヒレのような翼があるのがヌルデの特徴　東京都

野鳥が好む木の実　81

1月　キレンジャク　新潟県

11月　オナガ　青森県

ノイバラ（ハマナス）　落葉低木　秋　○

バラ科（九州以北）

◎アトリ類, ツグミ類など

木の特徴　河原や原野などに普通に自生し, 一般的には「ノバラ」の愛称で親しまれている。落葉樹で茎はよく枝分かれし, つる状になったり, ほかのものに寄り添って伸びたりもする。枝にはトゲがあり, 特に新枝のトゲは鋭い。5〜7月頃に白くて芳香のある花を咲かせる。庭木としても植栽されるが, そう多くは植えられてはいないようだ。

実と鳥　ノイバラの仲間は10種類ほどあり, どれも11月頃から熟す。しかし, この頃はまだあまり鳥は食べず, 12月に入ってから食べはじめるものが多いようだ。最初はカワラヒワが採食し, 徐々にいろいろな鳥が食べる。しかし, どの鳥もたくさん食べるといったことは少なく, たくさん食べるのはレンジャク類である。実はほのかに甘味があるが, 柔らかく熟すと甘味は増す。ハマナスなどはジャムにすると美味しい。

11月　実　青森県

8月　実（ハマナス）　北海道

3月 キレンジャク（ハマナス）　北海道

11月 カワラヒワ　神奈川県

11月 実　青森県

10月 実（ハマナス）　青森県

5月 花　東京都

野鳥が好む木の実　83

11月 シジュウカラ　東京都

12月 ルリビタキ　東京都

ハゼノキ（ヤマウルシ,ヤマハゼ）

落葉高木　秋　◎

ウルシ科（関東地方南部以南）

◎カラ類, ツグミ類など

木の特徴　山野に普通に自生しているが, ロウソクに加工する目的で果実から蝋を取るため, 古くから植栽されている。このため, 本州のものは栽培されたものが野生化したともいわれている。落葉樹で, 樹高が高いものは約10mにもなる。羽状複葉で葉には毛がないので, 似ているが毛があるヤマハゼやヤマウルシと識別できる。5〜6月頃に黄緑色の小さな花を円錐状につける。雌雄別株なので, 実を見るなら植栽時に雌木を選んで植えたほうが良い。

実と鳥　9〜10月頃, 種子は淡褐色の薄い皮に包まれているが, 中身は熟しているらしく, まずシジュウカラやコゲラが採食しはじめる。多くの鳥が好んで採食し, 奄美大島ではルリカケスやオーストンオオアカゲラなど, 沖縄島ではノグチゲラやアカヒゲが採食する。関東地方ではエナガやジョウビタキ, アオゲラなどが好んで採食する。本種は鳥が好む木の実として, ヌルデと共にウルシ科の樹木の代表になっている。味らしきものはない。

10月　実　東京都

1月　実（ヤマウルシ）　新潟県

84

12月　コゲラ　東京都

10月　ツグミ（ヤマウルシ）　新潟県

10月　メジロ　東京都

11月　ルリカケス　鹿児島県奄美大島（撮影●中村友洋）

9月　実（ヤマハゼ）　東京都

10月　樹姿　東京都

野鳥が好む木の実　85

1月　ジョウビタキ　東京都

1月　イカル　東京都

ハナミズキ 落葉高木 秋 ○ 庭 公園

ミズキ科（北米原産）

◎ツグミ類, シジュウカラなど

木の特徴　大正時代の初めに, 当時の東京市長がアメリカへサクラの苗木を贈り, その返礼として日本に贈られ「日米親善の木」として有名になった木である。落葉樹で樹高は5〜6mのものが多い。4〜5月頃に白色や薄紅色, 紅色などの花が咲くが, 花に見えるものは葉が変化したもので, その中央に黄緑色の小さな花が15〜20個集合して咲いている。似ているヤマボウシは, 花びらに見える部分の先がとがっている。公園や庭木, 街路樹に最適。

実と鳥　楕円形の実は10月頃に熟しはじめるが, その頃はまだ葉が青く, 鳥が食べることは少ない。採食するのは葉が紅葉しはじめた11月頃からで, 関東地方ではオナガ, そのほかの地域ではヒヨドリが食べる。葉が落ちて, 実だけになる頃から, 冬鳥のツグミやジョウビタキなどが食べはじめ, 徐々にいろいろな鳥も採食する。丸ごと食べた後に, 排泄されたり落ちたりした種子の中から出てきた, 茶色っぽい種子はアトリ類などが食べている。味は不明。

10月　実　東京都

11月　オナガ　東京都

11月　ハシブトガラス　東京都

12月　嘴でもぎ取った実を，一度くわえ直してからのみこむツグミ　東京都

11月　シジュウカラ　東京都

12月　シジュウカラ　東京都

10月　実　東京都

4月　街路樹　東京都

野鳥が好む木の実　87

12月　マヒワ　新潟県

2月　ヒガラ　千葉県

ハンノキ類（ハンノキ,ヤシャブシ,オオバヤシャブシ）

落葉高木　秋　◎

カバノキ科（ほぼ全国）

◎マヒワ,カシラダカなど

木の特徴　ハンノキ類とヤシャブシ類は同じ属であるため,合わせて取り上げる。すべて落葉樹で,種類によって樹高はさまざま。海岸近くの丘陵から高山帯まで幅広く自生する。どの種も早春頃から5～6cmに垂れ下がる雄花を付ける。雌花は雄花の脇に目立たずに付いている。砂防林や公園木として利用されるほか,池の土留めとしても植栽される。

実と鳥　実は10月頃に熟すが,鳥が食べるのは実から出る種子なので,採食は早くても12月頃から。種子のある部分が小さいので,嘴の先が細くとがったマヒワやヒガラなどが好んで採食する。年明け頃になると盛んに採食しはじめ,種子が地上に落下するので,カシラダカなどのホオジロ類もよく食べるようになる。また,海岸線に植えられているオオバヤシャブシなどには,ベニヒワが好んで採食に来る年もあるので楽しめる。味は不明。

2月　実（ハンノキ）　青森県

3月 カシラダカ　青森県

2月 マヒワとベニヒワ　青森県

2月 マヒワ　青森県

1月 ベニヒワ（オオバヤシャブシ）
青森県

野鳥が好む木の実　89

12月　トラツグミ　東京都

12月　カワラヒワ（サカキ）　東京都

ヒサカキ（サカキ） 常緑高木 秋 ○ 庭

ツバキ科（本州以南）

◎マヒワ, カシラダカなど

木の特徴　山地の林床に普通に自生している。常緑樹で、大きなものは樹高が10mにもなるものがあるという。3～4月に釣り鐘のような形の淡黄色の花を咲かせるが、これは雄しべが目立つ雄花で、雌花は花の中央に花粉を付ける花柱がある。雌雄別株なので植栽するときはそれを見極める必要がある。生け垣や庭木に利用される。ヒサカキの葉は周りにギザギザ（鋸歯）があるが、サカキにはなく、葉に光沢があって厚みもある。

実と鳥　10～11月頃に黒紫色に熟した実の中に、種子が多数入っている。採食する鳥には、実全体を丸のみにするものと、カワラヒワのように果肉部分はかみ砕いて、種子を好んで食べるものとがいる。11月頃から食べはじめるが、よく食べるのは12月に入ってから。警戒心からか、木の中の方から食べはじめるので、枝や葉で鳥の姿が見えないことがあるが、徐々に木の外側に出てきて、メジロやツグミ類の姿が見えるようになる。よく熟すとけっこう甘い。

12月　実（サカキ）　東京都

12月　実（ヒサカキ）　東京都

12月　ウソ　東京都

12月　シロハラ　東京都

12月　ツグミ　東京都

1月　メジロ　東京都

12月
実（サカキ）
東京都

野鳥が好む木の実　91

6月 オナガ 東京都

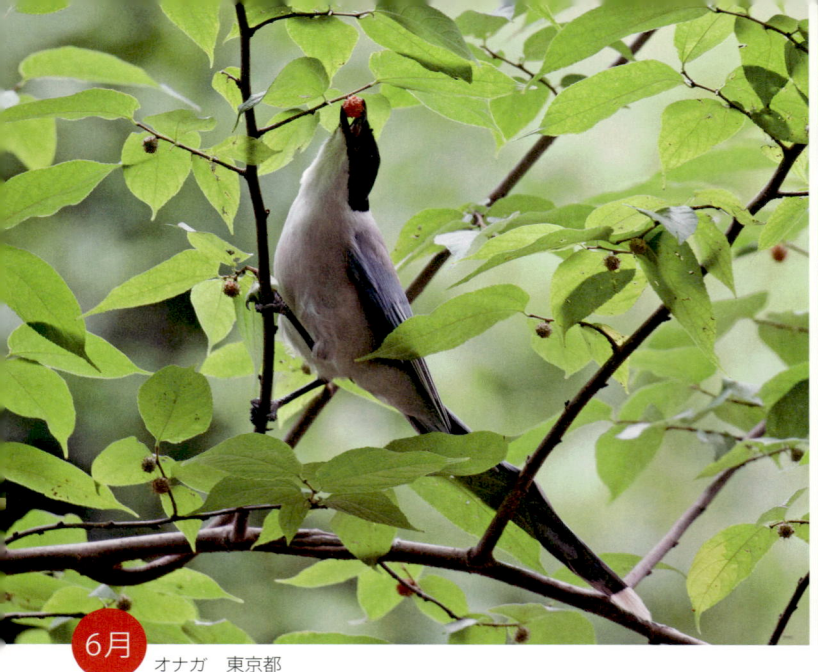

6月 ムクドリ 東京都

ヒメコウゾ（コウゾ） 常緑低木 夏 ○

クワ科（本州以南）

◎ムクドリ，オナガなど

※本項の写真はすべてヒメコウゾ

木の特徴 ヒメコウゾは丘陵から山地の林縁や道端などに自生する落葉樹。樹高は2〜3mのものが多い。似ているコウゾ（ヒメコウゾとカジノキの雑種という説もある）と違い，雌雄同株で4〜5月頃に新しく伸びた小枝に雄花も雌花も咲く。和紙の原料として中国から移入されて栽培されるコウゾは，雌雄別株で実はほとんど付かない。ヒメコウゾはかつて和紙や織物の原料にされたが，コウゾに取って代わられた。

実と鳥 実は6〜7月頃に橙赤色に熟し，熟した順に採食される。東京近郊ではオナガやムクドリが採食するが，こぞって食べるというほどではない。口に入れると甘く，一瞬はおいしいと思うが，口の中がべとつき，しかも刺々しく，口当たりは非常に悪い感じがする。実の周りにあるトゲを，鳥は不快に感じないのかと不思議に思う。

8月 実 岩手県

6月 ヒヨドリ 東京都

12月 シロハラ(トキワサンザシ) 東京都

12月 ヒヨドリ(トキワサンザシ) 東京都

ピラカンサ(トキワサンザシ,タチバナモドキ)

常緑低木 秋 ○ 庭

バラ科(中国・西アジア原産)

◎ツグミ類, オナガ, ヒヨドリなど

木の特徴 常緑樹で実が赤色のトキワサンザシと黄色のタチバナモドキのほか, 実が赤橙色だが見分けがほぼできないヒマラヤトキワサンザシの3種があり, これらの総称が「ピラカンサ」である。トキワサンザシとヒマラヤトキワサンザシは樹高が約3m, タチバナモドキは樹高が約4mで, 5〜6月に木全体に花が咲く。いずれも花や実が美しいので, 庭木に適しているが, 鋭いトゲが危ないので, 植える場所には注意が必要だ。挿し木でもよく付くので, 増やすのは楽。いずれもツグミ類やオナガ, ヒヨドリなどが採食する。

実と鳥 トキワサンザシは11月頃から赤く熟しはじめるが, 鳥が食べるのは早くても12月に入ってから。特によく食べるのは年明け頃で, 早い時期に食べないのは, 実に有毒なタンニンが多く含まれ, 霜にあたって毒が弱くなった頃を見計らっているからと思われる。毒が怖いので, ちょっと噛んでみたが, 味らしきものはほとんどない。タチバナモドキは10月頃から熟しはじめるが, 鳥が食べるのはやはり年明け頃からで, それもトキワサンザシほどは多く食べられない。実には同じく毒性があり, 毒が抜けた頃を見計らって食べるようだ。味は不明。

12月 実(トキワサンザシ) 東京都

11月 実(タチバナモドキ) 神奈川県

野鳥が好む木の実

ピラカンサ

11月 実（タチバナモドキ）　新潟県

11月 実（タチバナモドキと
トキワサンザシの交雑種）
　神奈川県

1月 オナガ（トキワサンザシ）　東京都

1月 ヒヨドリ（トキワサンザシ）　東京都

1月 ヒヨドリ（タチバナモドキ）　東京都

1月 オナガ（タチバナモドキ）
　東京都

ピラカンサ

1月 ツグミ（トキワサンザシ） 新潟県

12月 ジョウビタキ（トキワサンザシ） 東京都

1月 メジロ（トキワサンザシ） 東京都

12月 シロハラ（トキワサンザシ） 東京都

11月 カワラヒワ（トキワサンザシ） 神奈川県

1月 ムクドリ（トキワサンザシ） 新潟県

野鳥が好む木の実　95

スズメ 東京都 6月 ヒヨドリ 東京都 6月

ビワ

常緑高木 **春〜夏**

バラ科（中国原産）

◎ムクドリ類，ヒヨドリなど

木の特徴 中国原産のものが各地に植栽されているが，山口県秋吉町と福井県冠者島などでは野生のものが確認されているという。常緑樹で樹高は約5m。花は冬の11月頃から咲き出すので，甘い蜜が好物のメジロはよく花蜜を吸っている。果樹として植栽されているものがあるが，一般的に目にする機会が多いのは庭木である。

実と鳥 実が熟すのは南西諸島では3〜4月頃で，本州では5〜6月頃。東京近郊では主にムクドリが採食し，メジロやヒヨドリなどもやってくる。奄美大島ではルリカケスが採食するという。そのほかの地方でも鳥が採食すると思われる。食用としている品種は甘くておいしいが，そうでないものはけっこう渋いものが多い。

6月 実 東京都

6月 ムクドリ 東京都

1月 メジロ 神奈川県 花蜜を吸う

96

野鳥が好む草の種子や実

　植物質のものを食べる野鳥は, 当然, 草の実や種子を食べるものも多い。木に上がれないカモ類はよく地上で食べているし, アトリ類やホオジロ類, スズメ類などの鳥は木の実以上に草の実を食べる。しかし, 木の実とは違って, 草の実や種子はごく小さいものが多く, それとわかる採食シーンの撮影はもちろん, ただ観察することさえとても難しい。それでもイネ科やタデ科, キク科, シソ科などは草が立ち上がっているので, 比較的わかりやすい。例えばカリガネがメヒシバ(イネ科)の小さな種子を嘴でしごいて食べていたのを見たことがあるし, ナギナタコウジュ(シソ科)はウソの大好物だ。マツヨイグサ(アカバナ科)にはマヒワが来ることもあるなど, 木の実に来る鳥とは種類や行動が違う場合もある。どんな鳥がどんな草の実や種子を好むのか, 注意して見ていくとおもしろいだろう。ただ, 鳥が調べた種類を特定するのはたいへん難しいので, 注意深く調べる必要がある。

10月　ニュウナイスズメ(ススキ：イネ科)　新潟県

1月　ホオジロ(アシ：イネ科)　新潟県

5月　マヒワ(タンポポ：キク科)　青森県

1月　ベニヒワ(ヨモギ：キク科)　北海道

1月　スズメ(アカザ：アカザ科)　北海道

10月　メジロ(ヨウシュヤマゴボウ：ヤマゴボウ科)　東京都

野鳥が好む木の実　97

10月　オオルリ　東京都

10月　アオゲラ　東京都

ホオノキ　落葉高木　秋　○　公園

モクレン科（九州以北）

◎キツツキ類，ヒヨドリなど

木の特徴　丘陵から山地の林内に自生する落葉樹で，大きなものは樹高は20〜30mくらいまで伸びる。5〜6月頃に枝先に咲く，黄色味のある白くて大きな花は非常に芳香が強い。公園などに植えられているものは，葉が大きいことからトチノキと間違われることがある。公園はもとより，街路樹や庭木に植栽されていることもある。

実と鳥　実は10〜15cmくらいの長さの長楕円形の袋状の包みになっている。9月頃に赤褐色に熟し，その後10月頃になると茶色から黒っぽくなり，袋が割れて中から赤い種子が出てくる。その頃から種子を鳥が食べるようになるが，年によってはあまり食べられないこともある。よく見かけるのはアオゲラやヒヨドリだ。口に入れると香りと多少のべとつきがあるものの，特に味らしいものは感じないが，後にピリッとする。

10月　実　東京都

6月　花　北海道

98

10月 アカゲラ　東京都	10月 コゲラ　東京都
10月 ヒヨドリ　東京都	10月 メジロ　東京都
10月 シジュウカラ　東京都	10月 ヤマガラ　東京都

野鳥が好む木の実

1月　メジロ　東京都

1月　ジョウビタキ　東京都

12月　ムクドリ　千葉県

マサキ

常緑低木　冬　△　庭

ニシキギ科（北海道南部以南）

◎メジロ，ジョウビタキなど

木の特徴　自生のものは海岸近くの林内や林縁に生育し，寒冷地よりも暖地で普通に見られる。常緑樹で樹高は高くてもせいぜい約5mである。6〜7月頃に黄緑色の小さな花が枝先に咲く。垣根に多く使用されていたが，近年ではあまり見かけなくなった。挿し木でも移植でも簡単に根づくので，増やすのはたいへん楽である。

実と鳥　実は果皮に包まれていて，これが12月頃に割れると，果肉の中から赤い種子が出てくる。この種子をいろいろな鳥が食べるが，好んで食べることはなく，ほかに食べ物が少なくなった年明け頃になると，メジロやジョウビタキなどが採食しはじめる。ほかの鳥はたまに食べにくる程度である。味は不明。

10月　実　東京都

1月　キジバト　新潟県

10月　実　東京都

12月　ヒヨドリ　東京都

マンリョウ(センリョウ)　常緑低木　秋　△　庭

ヤブコウジ科(関東地方以南)
◎ヒヨドリ，メジロなど

木の特徴　平地から山地の林内に自生する常緑樹で，大きくなっても樹高は1mくらいである。幹の上部だけに小枝があり，7〜8月頃に白い花を咲かせる。名前が似ているセンリョウはセンリョウ科で，まったく別の植物である。公園や庭木としてもよく植栽されるほか，縁起がよい名前の植物として，センリョウと共に正月の飾り物などによく使われる。

実と鳥　11月頃に赤く熟すが，この頃に鳥が採食することはほとんどない。早くても12月下旬頃からヒヨドリが食べはじめ，年明け頃からメジロもほんの1〜2粒程度を食べるようになる。センリョウも同じような食べられ方だが，両種とも正月の切り花に利用するつもりなら鳥に食べられないように注意する必要はある。味は青臭さがある。

1月　実　東京都

12月　樹姿　愛知県

1月　実(センリョウ)　東京都

野鳥が好む木の実　101

10月　イスカ（クロマツ）　青森県

11月　ヤマガラ（クロマツ）　青森県

マツ類（クロマツ，アカマツなど）

常緑高木　秋　◎

マツ科（ほぼ全国）

◎カラ類，イスカなど

木の特徴　全国の海岸線のマツ類，高山帯のハイマツ，トカラ列島以南のリュウキュウマツなどの常緑樹のマツ属と，落葉樹のカラマツをまとめて取り上げる。どの種も日当たりのよい場所を好んで自生し，樹高は非常に高くなるものが多い。マツ属は春先から新芽が伸び，その元のほうに雄花が咲き，先端に雌花が咲く。カラマツは雄花が茶色く下に向かって咲き，雌花はピンク色で上を向いて咲く。防風林，公園木，庭木などに植栽される。

実と鳥　マツ属の実は1～2年かかって熟すが，属が違うカラマツはその年の秋には熟す。どの種も「松笠」と呼ばれる実（球果）が開いて，中から翼のある種子が出てくる。クロマツやアカマツの種子はイスカやホシガラスなどが好んで採食し，カラマツはマヒワやカラ類がよく採食する。種子が落下するとホオジロ類をはじめ，いろいろな鳥が食べる。マツ属に来る鳥は，種子以外にも葉に付いたアブラムシを食べるものがいる。味は不明。

10月　実（クロマツ）　青森県

10月　樹姿（クロマツ）　青森県

- 11月　ヒガラ（クロマツ）　青森県
- 10月　ヒガラ（アカマツ）　青森県
- 2月　ハシブトガラ（カラマツ）　北海道
- 2月　イスカ（西洋マツの1種）　北海道
- 10月　ヒガラ（モミ）　長野県
- 5月　マヒワ（クロマツ）　青森県
- 11月　ホシガラス（クロマツ）　青森県
- 2月　実（エゾマツ）　北海道
- 11月　樹姿（クロマツ）　青森県

野鳥が好む木の実　103

12月　コゲラ　東京都

マユミ　落葉低木 秋 ○ 庭 公園

ニシキギ科（北海道以南，九州以北）
◎コゲラ，メジロなど

木の特徴　丘陵から山地の主に林縁部に自生する落葉樹で，樹高が3〜5mのものが多いが，約10mになるものもあるという。5〜6月頃に緑がかった白くて小さな花が咲く。紅葉も木の実も美しいので，公園木として最適だが，庭木にすると枝がだらしなく広がり，秋以外は見栄えがしないので，最適だとは言いにくい。しかし自然に枝葉を伸ばせる広い庭であればよい木だ。名前にマユミと付くコマユミは，ニシキギ（77ページ）の変種で，枝に翼がない。

実と鳥　10〜11月頃に薄紅色に熟し，その後，皮が4つに割れて中から赤い種子が現れる。山地に自生するものはオオアカゲラやコガラがよく採食するが，平地ではコゲラとメジロ以外はほとんど採食しない。しかし，1度だけジョウビタキが食べたのを見たことがある。また，北海道の平地ではカラ類が時々食べるが，そう好んではいないようだ。しかも，よく食べられる木とそうでない木がはっきりしている。味はほとんどしない。

1月　実　東京都

10月　樹姿　東京都

アカハラ　神奈川県 12月

コゲラ　東京都 12月

11月 メジロ　東京都

12月 ジョウビタキ　東京都

野鳥が好む木の実　105

9月　エゾビタキ　東京都

10月　ジョウビタキ　東京都（撮影 ● 野崎和夫）

ミズキ（クマノミズキ）

落葉高木　夏〜秋　◎　公園

ミズキ科（北海道以南，九州以北）

◎ヒタキ類，ツグミ類など

木の特徴　どちらの種も丘陵から山地で見られ，特にミズキは水辺に多く，クマノミズキは林内に多く自生する。落葉樹で樹高は10〜20mくらいまでにはなる。ミズキの花は5〜6月頃で，クマノミズキはそれより1か月ほど遅れて咲き，どちらも花では識別できないほどよく似ている。両種の違いは葉の付き方で，ミズキは葉が互い違いに付く「互生」で，クマノミズキは向かい合って付く「対生」である。どちらもこけし作りの盛んな地域ではこけしの材として植栽されるが，大きくなるので庭木などには不向き。

実と鳥　どちらも7月下旬頃から色づきはじめ，緑色から部分的に赤紫色になる。その頃からハシブトガラスが食べはじめ，その後ムクドリやヒヨドリなどの留鳥も採食するようになる。黒っぽく熟す9月頃から夏鳥のキビタキなども採食するが，そうたくさんは食べない。多くの種類が採食するのは9月下旬からで，その頃にエゾビタキやツグミ類が採食しはじめる。両種とも鳥が好む木の実の上位である。クマノミズキはわずかに酸味はあるが，味らしきものはなく，かすかに舌がピリッとする。

8月　実　新潟県

9月　樹姿　東京都

9月	サメビタキ　東京都
10月	エゾビタキ（クマノミズキ）　東京都
10月	エゾビタキ　東京都
10月	コサメビタキ　東京都
9月	実　山梨県
1月	実　東京都
9月	実（クマノミズキ）　東京都

野鳥が好む木の実　107

ミズキ

10月 キビタキ 東京都

10月 キビタキ 東京都

10月 オオルリ（クマノミズキ） 東京都

10月 マミチャジナイ 東京都

10月 シジュウカラ 東京都

10月 メジロ 東京都

10月 エナガ 東京都

ミズキ

10月　クロジ　東京都（撮影●野崎和夫）

9月　ガビチョウ　東京都

9月　ハシボソガラス（クマノミズキ）　東京都

10月　コゲラ　東京都

10月　アオゲラ　東京都

10月　コゲラ（クマノミズキ）　東京都

野鳥が好む木の実　109

12月　アカハラ　東京都

12月　シメ　東京都

ムクノキ 落葉高木 秋〜冬 ◎ 公園

ニレ科（関東地方以南）

◎ツグミ類, アトリ類など

木の特徴　平地から丘陵の日当たりのよい場所に自生する落葉樹で, 大きなものは樹高が約20mまでになる。新芽の部分に小さな白っぽい花が咲くが, ほとんど目立たない。ニレ科の木はどれもよく似ているので, 幹の色や模様などに注意して見ないと種類はわかりにくい。公園木として植栽されているほか, 場所によっては街路樹にも植栽されている。昔はケヤキと共に農家の周りにも植えられていた。

実と鳥　実が熟すのは早いものでは10月頃からで, オナガやムクドリが最初に採食しはじめる。木全体の実が熟す12月頃には, さまざまな鳥がやってきて採食する。公園など街中にある木の実は近年増加しているドバトが群れになって採食する。ドバトがいない場所では多くの種類の鳥が実がなくなるまで食べ, 鳥が好む木の実の上位に入る。熟して黒っぽくなった実は干し柿の味に似ていて, 食べるととてもおいしく感じる。

10月　実　東京都

11月　実　東京都

110

12月 ツグミ 東京都

12月 シロハラ 東京都

12月 マミチャジナイ 東京都

10月 実 東京都

11月 樹姿 千葉県

野鳥が好む木の実 111

ムクノキ

12月 ツグミ 東京都

12月 シロハラ 東京都

12月 シメ 東京都

12月 イカル 東京都

ムクノキ

11月 オナガ 東京都

11月 ヒヨドリ 東京都

11月 キジバト 東京都

11月 メジロ 東京都

10月　キビタキ（コムラサキシキブ）　東京都

12月　ヒヨドリ　東京都

ムラサキシキブ（コムラサキシキブ）

落葉低木　秋　○　庭

クマツヅラ科（ほぼ全国）
◎メジロ, ヒヨドリなど

木の特徴　ムラサキシキブ, コムラサキシキブ, ヤブムラサキをまとめて取り上げる。平地から山地の林内から林縁までに自生する落葉樹で, 大きくても樹高は約3m。花は5〜8月頃に対生の小枝の付け根に薄紫色の小さな花を咲かせる。公園木や庭木として植栽されているものは, 品種改良された実をたくさん付けるものが多い。

実と鳥　実は10月頃から紫色に熟しはじめ, その頃から山野にあるムラサキシキブやヤブムラサキをメジロなどが食べている。庭や公園のコムラサキシキブは, それよりも遅れて採食されることが多い。鳥がよく食べる木の実として挙げられるが, 庭木に植栽されたものはあまり採食されずによく残っている。

12月　実　東京都

10月　樹姿　東京都

10月 キビタキ（コムラサキシキブ）　東京都

11月　ウソ　東京都

12月　メジロ　東京都

1月　ヒヨドリ　東京都

10月　実（コムラサキシキブ）　東京都

1月　メジロ（コムラサキシキブ）　東京都

野鳥が好む木の実　115

2月　ヒヨドリ（クロガネモチ）　千葉県

1月　ツグミ（クロガネモチ）　鹿児島県

2月　ムクドリ（クロガネモチ）　千葉県

モチノキ(クロガネモチ)

常緑高木　秋〜冬　○　庭　公園

モチノキ科（東北地方南部以南）

◎ヒヨドリ, ツグミなど

木の特徴　どちらも山地の林内に多く自生する常緑樹で雌雄別株。樹高は10mくらいのものが多い。モチノキは4月頃に前年の枝の葉の付け根に黄緑色の雌花を咲かせ, クロガネモチは6月頃に新葉の付け根に咲かせる。どちらの花もあまり目立たない。庭木や公園木としてよく植栽され, 特にクロガネモチは街路樹に多い。

実と鳥　どちらも赤く熟すのは11〜12月頃で, 鳥が採食しはじめるのは早くても12月下旬頃。主にヒヨドリやツグミが採食し, 食べ物が少ない年にはメジロやジョウビタキなども食べる。また, レンジャク類が多い年には, 特に西日本に渡来するヒレンジャクがクロガネモチをよく採食するが, モチノキはあまり好まないようだ。味は両方ない。

11月　実（クロガネモチ）　東京都

11月　実（モチノキ）　東京都

1月　実（クロガネモチ）　福岡県

10月　キビタキ　東京都

10月　メジロ　東京都

11月　シジュウカラ　東京都

モッコク　常緑高木　秋　○　庭　公園

ツバキ科（千葉県以南）

◎メジロ，ヒタキ類など

木の特徴 海岸近くの比較的乾燥したところを好んで自生する。常緑樹で樹高は10m以上になるが，植栽されているものの多くは5m程度のものが多い。6〜7月頃にツバキの花を小さくしたような，黄色味を帯びた白い花を咲かせる。公園木以外には，特に庭木として重宝されている。普通は雌雄同株だが，雄木のものもあるので実があるものを選ぼう。

実と鳥 10〜11月頃に赤く熟し，よく熟すと肉質の果皮が不規則に避けて，中から橙赤色の種子が現れる。10月頃に種子が出ていると，渡り途中のキビタキやクロツグミなどが採食するが，常緑樹で葉がこみ入っているので観察が難しい場合が多い。それでも外側に実が残っていると，メジロやヒヨドリなどは観察できる。味は不明。

10月　実　東京都

10月　メジロ　東京都

10月　実　東京都

野鳥が好む木の実　117

1月　キレンジャク　新潟県

2月　ヒヨドリ　新潟県

ヤドリギ（ホザキヤドリギ）

常緑低木　落葉低木　秋〜冬

ヤドリギ科（九州以北）

◎レンジャク類，ヒヨドリなど

木の特徴　両種とも平地から山地の，特にエノキ，ケヤキ，ミズナラ，サクラ，シラカバなどのカバノキ科の樹木に寄生して生育する。遠目には木に丸い塊があるように見える。ヤドリギは雌雄別株の常緑樹で，2〜3月頃に黄色っぽい小さな花を咲かせる。ホザキヤドリギは雌雄同株の落葉樹で，6〜7月頃に黄緑色の目立たない小さな花を咲かせる。両種ともに鳥の糞からでないと繁殖しにくいが，種子をうまく付着させられれば発芽させることができるという。

実と鳥　ヤドリギには黄色と橙色の実があるが，どちらも同種で，特に橙色のものを区別して「アカミノヤドリギ」と呼んでいる。ホザキヤドリギと共に，鳥が採食しはじめるのは普通，年が明けてからで，平野部などでは2月頃からレンジャク類が好んで食べる。ほかにヒヨドリとムクドリも採食していたが，1〜2粒食べた程度だった。熟した2〜3月頃に口に入れてみると，たいへん甘く，一瞬おいしいと感じるが，その後は口の中がべとべとして，長時間不快になった。

2月　実　新潟県

9月　樹姿　長野県

1月 ヒレンジャク（ホザキヤドリギ）　長野県（撮影 ● 柏木博）

1月 ヤドリギ（左：アカミノヤドリギ）　新潟県

1月 ヒレンジャク　新潟県

4月 樹姿　福島県

12月 実（ホザキヤドリギ）　福島県

野鳥が好む木の実　119

2月　ミヤマホオジロ（ヤマハギ）　新潟県

2月　オオマシコ（ヤマハギ）　北海道

ヤマハギ 落葉低木 秋 ○ 庭

マメ科（九州以北）

◎オオマシコ, ホオジロ類など

木の特徴　ヤマハギ, ミヤギノハギ, マルバハギなどのハギ類をまとめてヤマハギとして取り上げる。どれも落葉樹で, 樹高は2mくらい。主に草地や林縁などに自生し, 8～10月にかけて淡紅紫色のマメ科特有の花を咲かせる。庭木や公園木として植栽されるほか, 土手などの土留めとして, イタチハギとともに植栽されることが多い。

実と鳥　実が熟すのは11月頃からだが, 完熟して鳥が採食しはじめるのは年明けからで, ミヤマホオジロやカシラダカなどのホオジロ類が食べる。また, オオマシコが渡来する場所では, この実だけ食べているのではないかと思うほどよく採食する。ホオジロ類とオオマシコ以外の鳥が食べるのを私は見たことはない。味はまったくない。

10月　実（ヤマハギ）　東京都

9月　花（ヤマハギ）　東京都

7月　ムクドリ　東京都

7月　実　東京都

ヤマモモ
常緑高木　夏　◎　庭　公園

ヤマモモ科（関東地方以西）

◎スズメ，ムクドリなど

木の特徴　千葉県以西の温暖な海岸線に多く自生する常緑樹で，樹高は普通7〜8mくらいだが，約10mまで伸びることもある。3〜4月頃に小枝の先端部分に花を咲かせる。公園や街路樹などに多く植栽されるほか，どこから切っても芽が出るので扱いやすく，庭木にもよく植栽されている。雌雄別株なので，実を見る目的で植える場合には雌木を植栽したい。

実と鳥　黄緑色の実が紅色に熟すのは6〜7月頃で，東京近郊では6月下旬頃に採食している姿が見られる。採食するのは主にムクドリで，ほかにはヒヨドリ，キジバト，スズメなども見られる。ほかの地域では，伊豆七島でアカコッコやメジロ，奄美大島でルリカケスやオーストンオオアカゲラなどが採食する可能性がある。味は甘酸っぱくておいしい。

7月　実　東京都

野鳥が好む木の実　121

12月 ヒヨドリ 東京都

12月 オナガ 千葉県

ユズリハ 常緑高木 秋 ○ 公園

ユズリハ科（東北地方南部以南）

◎ヒヨドリ, メジロなど

木の特徴 暖地の常緑広葉樹林内に自生している常緑樹で, 樹高は約10m。雌雄別株で, 5〜6月頃に前年の葉の付け根付近に, 花弁のない花を咲かせる。類似種のヒメユズリハも本種とほとんど同じ。公園木や庭木によく植栽され, 地域によっては正月の飾りに使われる。また, 北海道のエゾユズリハも本種と変わらないと思われる。

実と鳥 実が熟すのは9〜10月頃からで, 鳥が採食しはじめるのは早くても12月に入ってからが多い。しかし, それほど喜んで食べるということはなく, 1〜2粒食べる程度である。これはヒメユズリハも同じような感じだが, エゾユズリハに限っては私は観察したことがないのでわからない。口に入れてみたが, 味らしきものはなかった。

12月 ヒヨドリ 千葉県

Chapter 2

野鳥があまり好まない木の実

12月 サンシュユ 東京都

　人間が食べておいしいと思う木の実よりも，人間には味も素っ気も感じない，どこがおいしいのかと思うような木の実のほうを野鳥は好むようだ。赤くて美しく，いかにもおいしそうに見えるサンシュユの実だが，野鳥はなぜかあまりやってこない。

アオキ

常緑低木　冬　公園

ミズキ科（東北地方南部以南）

◎ヒヨドリ，ムクドリなど

木の特徴　主に照葉樹林内の林床に自生する常緑樹。樹高は約2〜3m。暖地に多いが，本州の日本海側や北海道南部には変種のヒメアオキが自生。実が白いシロミノアオキや黄色い実のキノミアオキもある。庭木に植栽される。

実と鳥　赤く熟すのは早春で，ほかの木の実は少ない時期だが，ヒヨドリ以外の鳥が採食することはあまりない。日本海側に自生するヒメアオキも同様で，鳥にはあまり好まれないようだ。味は水っぽくて，少し渋味のある感じだ。

4月　実　東京都

4月　実（ヒメアオキ）　新潟県

イヌマキ
（ラカンマキ）

常緑高木　秋〜冬　庭　公園

マメ科（関東地方南部以西）

◎オナガ，ムクドリなど

木の特徴　海岸に近い山地に自生する常緑樹で，樹高は約20mにもなる。公園や庭木によく植栽されているのは葉が小さめのラカンマキで，本種ほど大きくはならない。雌雄別株なので，実のなる雌木を植栽するとよい。

実と鳥　8〜9月頃に，緑色で白い粉をふいたような実が付き，11〜12月頃にその下に赤く熟した実が付く。それをオナガなどが採食するが，そう多くは食べないようだ。赤く熟した部分は，食べると甘くてたいへんおいしい。

12月　オナガ（ラカンマキ）　東京都

4月　若い実（ラカンマキ）　東京都

124

ウツギ

アジサイ科(北海道以南,九州以北)

落葉低木 / 秋

◎ウソ,カラ類など

木の特徴 平地から山地の日当たりのよい川沿いや林縁,草地などに自生する落葉樹で,樹高は約2m。4〜5月頃に白い花が咲き,別名「卯の花」として知られる。関東地方などでは土地の境界線代わりに植栽されていた。

実と鳥 鳥が食べることは少なく,平地にウソがたくさん渡来したときや,時折シジュウカラが採食する程度。種子が熟すのは11月頃だが,鳥が食べはじめるのは年が明けた頃からである。味は不明。

2月 ウソ 茨城県

6月 花 青森県

2月 実 東京都

オオカメノキ
（標準和名・ムシカリ）

スイカズラ科(九州以北)

落葉低木 / 夏〜秋

◎ほとんど食べない

木の特徴 標準和名はムシカリだが,オオカメノキという呼び方のほうが一般的には有名。主に落葉樹林内の林床部に自生する落葉低木で,早春に白いガクアジサイに似たような花を咲かせる。

実と鳥 実は8〜10月頃に赤く熟すが,スイカズラ科の木の実は毒があるものが多く,本種も有毒かもしれないが詳細は不明。私はこの実を食べる鳥を見たことはない。味はあまりしなかったが,苦味を感じることがある。

9月 実 長野県

5月 花 長野県

野鳥があまり好まない木の実 125

カクレミノ

常緑高木 秋

ウコギ科（関東地方以西、九州以北）

◎メジロ、ヒヨドリなど

木の特徴 少し湿り気がある照葉樹林内に自生する常緑樹で、樹高は約5〜6m。三裂する葉があり、花は7〜8月頃に咲くがほとんど目立たない。公園木としてはあまり植栽されないが、庭木としては玄関脇などによく植栽される。

実と鳥 10〜11月頃に黒紫色に熟すが、その頃に鳥が食べるのは見たことがない。1〜2月頃になってからヒヨドリが時々採食し、メジロやムクドリも稀に来て採食することがある程度。味は不明。

1月　実　東京都

1月　樹姿　東京都

カマツカ

落葉高木 秋

バラ科（九州以北）

◎アトリ、カワラヒワなど

木の特徴 山地の日当たりのよい林縁などを好んで自生する落葉樹で、樹高は5〜6mくらいになる。5月頃にナナカマドに似た白い花を咲かせ、公園木には最適。大木ではないので、寒冷地では庭木として重宝されてよく植栽される。

実と鳥 10月頃から赤くなりはじめるが、鳥が好んで採食することはなく、ほかに木の実がないときにアトリ類やレンジャク類、ヒヨドリが採食する程度で、実は冬中残っている。口に入れても味らしきものはなく、わずかに苦味がある。

1月　アトリ　新潟県

10月　実　青森県

キイチゴ類

落葉低木　夏〜冬

バラ科（ほぼ全国）

◎メジロ, ヒヨドリなど

木の特徴　海岸から低山帯に自生するキイチゴ類をまとめて紹介する。主に落葉樹で, 樹高は約1〜2m。どれも全体にトゲがある。花の時期は種によってさまざま。実は初夏に熟すものが多いが, フユイチゴ類などは冬に熟す。

実と鳥　離島でメジロがカジイチゴの実を採食するのを見ただけで, ほかは見ていない。ナワシロイチゴ, モミジイチゴ, カジイチゴ, フユイチゴは, どれも甘酸っぱくておいしい。

1月　フユイチゴ　東京都

1月　フユイチゴ　東京都

8月　ナワシロイチゴ　北海道

7月　モミジイチゴ　青森県

野鳥があまり好まない木の実　127

クコ

ナス科(本州以南)

落葉低木 / 秋

◎ムクドリ, スズメなど

木の特徴 日当たりのよい原野, 海岸, 河原, 道端などに自生する落葉樹で, 樹高は約1～2m。花は7～10月頃に咲き, 花が終わらないうちに実がなりはじめ, 9月頃から熟してくる。公園や庭木にはあまり適していないと思われる。

実と鳥 赤く熟す実を鳥が食べることは少なく, 年明け頃になってから多少採食される程度だ。実は口に入れると甘味があり, 地域によってはおやつ代わりに食べているところがあるようだし, よく果実酒にされている。

10月 群落　東京都
河原などに群生する

10月 実　東京都

クスノキ

クスノキ科(関東地方以南, 九州以北)

落葉高木 / 秋 / 公園

◎ツグミ類, レンジャク類など

木の特徴 アジアの熱帯から亜熱帯地域に自生する落葉樹だが, 日本のものが野生かどうかは疑問視されている。古くから神社仏閣に植栽され, 天然記念物に指定されている巨樹や老木が多く, 街路樹, 公園や駅などの公共施設にも多い。

実と鳥 実は11月頃に熟し, ムクドリやカラス類などが採食する。1月下旬頃になり, ほかの木の実がなくなると, 案外いろいろな鳥が食べる。葉や枝が防虫剤として使われる樟脳の原料なので, 実にも樟脳のような味と, かすかに甘味も感じた。

1月 ツグミ　広島県

11月 実　大阪府

11月 実　大阪府

サネカズラ

常緑つる性　秋

マツブサ科（関東地方以南）

◎メジロ，ヒヨドリなど

木の特徴　主に山地の林縁部でほかの木や草などに巻きついて自生する常緑つる性木。雌雄別株と同株の両方ある。8月頃に黄白色のきれいな花を咲かせることから，庭や垣根に植栽したり，鉢植えで鑑賞したりもする。

実と鳥　実は11月頃に，いかにもおいしそうに赤く熟すが，鳥にはあまり好まれないようで，メジロやヒヨドリ，ムクドリなどが少し採食する程度。口に入れると何とも言いがたい味で，後味はあまりよくなかった。

10月　実　東京都

1月　樹姿　東京都

サルトリイバラ

落葉つる性　秋

ユリ科（ほぼ全国）

◎ほとんど食べない

木の特徴　山野の林縁や草原で，ほかの木や草などに巻き付いて自生する落葉つる性木。雌雄別株で枝にはトゲがある。実は大きめで赤く美しいので，生け花に使われたり，クリスマスや正月の飾りに利用されたりして，よく採取される。

実と鳥　実の直径は約1cm。非常に堅い実で，11月頃に赤く熟し，その後，少しは柔らかくなるが，鳥が食べるところは見たことはない。目撃情報もなく，鳥はほとんど食べないと思われる。味は不明。

1月　実　新潟県

1月　実　新潟県

野鳥があまり好まない木の実　129

サンシュユ

落葉低木 秋 公園

ミズキ科（中国，朝鮮半島原産）

◎ヒヨドリなど

木の特徴 日本には薬用として江戸時代に渡来した落葉樹で，樹高は約3m。現在は庭木や公園木として植栽される。3～4月の早春に咲く黄色い花は美しいが，実が赤くなりはじめる9月頃は葉がしおれていて，あまり見栄えはしない。

実と鳥 10月頃から赤く熟すが，その頃に鳥が食べることはないようだ。12月頃になってオナガやヒヨドリが稀に食べる程度で，ほとんどの鳥は食べないと思われる。味はほのかに甘く，おいしい。生食のほかに果実酒にもされる。

10月　実　東京都

11月　実　東京都

ソヨゴ

常緑高木 冬

モチノキ科（新潟県以南，九州以北）

◎ほとんど食べない

木の特徴 山地の比較的乾燥した林内や林縁に自生する常緑樹で，樹高は約3～7m。雌雄別株で白く小さい花を6～7月に咲かせる。よく庭木に植えられているが，公園ではあまり見かけない。葉にはタンニンがあるという。

実と鳥 堅くて赤い実は12月頃から黒っぽくなり，多少は柔らかくなるが，どの段階でも鳥が食べることはないようだ。実はいかにもおいしそうに見えるが採食しないのは，実にもタンニンがあるからだろうか。味は不明。

11月　実　東京都

12月　実　兵庫県

トベラ

トベラ科（本州以南）

常緑低木 / 冬 / 公園

◎ムクドリなど

木の特徴 日当たりのよい海岸線に自生する常緑樹で、樹高は約3m。雌雄別株。香りのよい白っぽい花が4～6月に咲く。砂地などの乾燥地にも強いので、防砂林や防風林などにもよく植えられ、公園や庭木にもよく植栽されている。

実と鳥 12月頃に灰褐色に熟すと、皮が3つに割れて、中からねばねばした赤い種子が10個ほど出てくる。ムクドリが少し食べたり、時にはメジロが1粒口に入れたりするくらいで、積極的には食べられない。味はねばねばしてまずい。

1月　ムクドリ　新潟県

1月　ムクドリ　新潟県

12月　メジロ　東京都

12月　実　千葉県

12月　実　新潟県

野鳥があまり好まない木の実　131

ツリバナ

ニシキギ科（九州以北）

落葉低木 **秋**

◎ほとんど食べない

木の特徴 丘陵から山地の林内や林縁部に普通に自生する落葉樹。樹高は3〜4mくらいで，花は5〜6月頃に小枝の先端部分に垂れ下がるように咲く。公園木や庭木として植栽され，特に茶庭にはよく植えられている。

実と鳥 実は10月頃に美しい紅色になり，熟すと5つに割れ，中から赤い種子が出て，割れた皮の先にくっつく。見た目にたいへん美しく，しかもおいしそうに見えるが，私はヒヨドリが食べたのを一度見ただけである。味は熟す前のホオズキに似ている。

10月　実　山梨県

10月　樹姿　山梨県

ノブドウ

ブドウ科（ほぼ全国）

落葉つる性 **秋**

◎ヒヨドリ，アトリ類など

木の特徴 茎は毎年枯れてしまうので，木本というよりも，草本との中間的な感じがする。落葉つる性植物で，山野のいたるところに自生する。葉は互生だが，花は葉と対生して咲く。庭木や公園木として使われることもなく，食用といった利用もほぼないと言えるかもしれない。

実と鳥 10月頃から熟し，薄緑色から赤紫色になる。しかし，ブドウタマバエやブドウトガリバチの幼虫が寄生すると，実は紫色や碧色などになる。鳥は滅多に食べないが，オナガやカワラヒワが時々1粒くらい食べる。味は不明。

10月　トウネズミモチにからんだ実を食べるオナガ　東京都

11月　実　新潟県

11月　実　新潟県

132

パパイヤ

常緑高木 **春**

パパイヤ科（熱帯〜亜熱帯）

◎メジロ，メグロなど

木の特徴 果樹として植栽されるものが多いが，南西諸島や小笠原諸島では半野生化したものを見ることがある。常緑樹で，樹高は4〜6mにもなる。雌雄別株が多いが同株もある。花は幹から直接出てきて咲き，そこに実がなる。

実と鳥 実の形はいろいろだが，長楕円形のものが多い。最初は濃い緑色で，徐々に黄色く熟してくる。その頃からヒヨドリなどが実をつつき，さらに柔らかく熟すと，メジロやメグロが採食しはじめる。キツツキ類も採食する。

3月　メジロ　鹿児島県奄美大島

ヒョウタンボク
（標準和名・キンギンボク）

落葉低木 **夏**

スイカズラ科（東北地方以北，本州日本海側）

◎ほとんど食べない

木の特徴 標準和名より，一般的にはヒョウタンボクの名のほうが知られる。山地の林内に自生する落葉樹で，樹高は約1〜2m。4〜6月に枝先の葉腋に2個ずつ咲く花は，最初は白くて後に黄色くなる。

実と鳥 7月頃には赤くなり，8月頃には透き通るように熟して，いかにもおいしそうに見えるが有毒である。私は鳥が食べているところを見たことはない。ただ，時間がたって毒性が抜ければ採食の可能性もある。味は不明。

7月　実　青森県

7月　実　青森県

ベニシタン

落葉つる性 **秋**

バラ科（中国原産）

◎ほとんど食べない

木の特徴 ピラカンサを小さくしたような樹姿で，地面を這うように横に広がって生育する特徴がある。枝にトゲはない。一般的には土留め用として多くの石垣などに植栽されている。また，盆栽仕立ての鉢植えでも栽培されることがある。

実と鳥 10月頃から赤く色づきはじめ，12月頃には真っ赤に熟すが，それを鳥が採食しているところは見たことがない。ただ，ジョウビタキが食べたという話を聞いたことはある。口に入れたことはないので，味は不明。

10月　実　青森県

10月　樹姿　東京都

野鳥があまり好まない木の実　133

そのほかの野鳥があまり好まない木の実

　ここまでに取り上げた以外にも、実は目立つが野鳥はあまり食べない木の実はいろいろある。このページでは私が採食シーンを撮影したり、実際に採食しているところを見た木の実のうち、わずかでも写真があるものを紹介する。野鳥が食べる木の実には、木の種類以外にも、時期や生えている場所など、さまざまな要因があり、たまたま私が採食シーンを観察していないだけの木の実はほかにも多くあるだろう。本書で取り上げていない木の実でも、注意深く観察してほしい。

メギ　メギ科（東北地方南部以南、四国、九州）　落葉低木　秋

枝の節々に鋭いトゲがある落葉樹。そのせいか「コトリトマラズ（小鳥止まらず）」の異名がある。多少食べる程度。

2月　ツグミ　北海道
10月　実　長野県
4月　花　東京都

モミジバフウ　マンサク科　落葉高木　秋～冬

アメリカ原産の落葉樹で大木になる。マヒワ以外の鳥が食べるのを見たことはない。

1月　マヒワ　福岡県

ヤブコウジ　ヤブコウジ科（北海道以南、九州以北）　常緑低木　冬

年が明けても採食されず、ほとんどの実が残っているが、キジが食べたのを見たことはある。

11月　実　新潟県

ヤマブドウ　ブドウ科（北海道、本州、四国）　落葉つる性　秋

人が食べるのにはおいしいが、鳥はあまり採食しないようだ。しかし、北海道ではエゾライチョウやアカゲラが食べている。

10月　実　青森県

ヤマボウシ　ミズキ科（本州、四国、九州）　落葉高木　秋

鳥が好むほどではないが、オナガやムクドリ、メジロなどが時々、つつくようにして採食している。

9月　実　長野県

Chapter
3

野鳥が好む花

3月 カンヒザクラの花蜜を吸うメジロ 東京都

　木の実だけでなく、木の花の蜜を吸ったり、さらには花芽（つぼみ）や花そのものを丸ごと食べてしまう野鳥もいる。こういう野鳥は、花を好む人には嫌われてしまうが、逆に野鳥好きにとって花に野鳥が止まる美しさは最高で、たまらないものだ。ここではどんな野鳥が、どんな花を好むのかを見てみよう。

花蜜を吸う野鳥

野鳥がよく蜜を吸う花は，花弁が一重のものが多く，花弁が重なって咲く八重咲きの花には時々，さらに花弁が大きく膨らんで派手になった牡丹咲きの花にはほとんどやってこないようである。八重咲きの花の場合，雄しべが花弁状に変化することがあり，花弁が多い花は蜜が少ないのかもしれない。

3月 カンヒザクラの花を付け根からもぎ取り，子房部分に穴を開けて花蜜を吸うシジュウカラ　東京都

4月 ソメイヨシノの花の中央に嘴を差しこんで花蜜を吸うコゲラ　東京都

4月 ソメイヨシノの花蜜を吸うシメ　東京都

4月 ソメイヨシノの花の子房を嘴ではさんでつぶし，花蜜を吸うスズメ　東京都

4月 ソメイヨシノの花蜜を吸うシメ　東京都

3月 ソメイヨシノの花蜜を吸うホンセイインコ　東京都

5月 ソメイヨシノの花蜜を吸うニュウナイスズメ　青森県

4月 オオカンザクラの花蜜を吸うヒヨドリ　東京都

2月 カワヅザクラの花蜜を吸うメジロ　東京都

3月 マメザクラ（変種）の花蜜を吸うメジロ　東京都

野鳥が好む花　137

5月 ブンゴバイ（豊後梅）の花蜜を吸うコムクドリ　青森県

2月 カガバイ（加賀梅）の花蜜を吸うメジロ　東京都

2月 カガバイ（加賀梅）の花蜜を吸うメジロ　福岡県

4月 ハナカイドウの花蜜を吸うシメ　東京都

野鳥の花蜜の吸い方

　花蜜の吸い方は野鳥の種類によって違う。スズメやニュウナイスズメ，シメなどは，花の付け根のふくらんだ部分（子房）を嘴で挟んでつぶして吸う。ホンセイインコは嘴で子房部分を切り裂き，シジュウカラは穴を開けて蜜を吸う。

　花を丸ごと食べるのではなく，蜜を吸うだけなら，吸った後の花は地面に落とすので，落ちている花を見ただけでも，傷の付き方で吸った野鳥はある程度判別できる。落とされた花は少しかわいそうだが，そういった食痕の観察も野鳥好きには楽しいものだ。

12月　ツバキの花蜜を吸うメジロ　東京都

4月　ヤブツバキの花蜜を吸うヒヨドリ　東京都

12月　カンツバキ（寒椿）の花蜜を吸うメジロ　東京都

3月　デイゴの花蜜を吸うハシブトガラス　石垣島

3月　デイゴの花蜜を吸うメジロ　沖縄県石垣島

野鳥が好む花　139

5月　キブシの花蜜を吸うメジロ　青森県

10月　キンモクセイの花蜜を吸うメジロ　東京都

4月　ネコヤナギの花蜜を吸うメジロ　青森県

花芽や花弁を食べる野鳥

東北地方の大きな公園で,サクラの花芽(つぼみ)を群れでやってきたウソが食べ尽くしてしまった,ということが時折ニュースになる。野鳥によっては,花弁をむしゃむしゃと食べるので,嫌われてしまうこともある。しかし,花蜜を吸う野鳥と同じで,花をくわえているところを目にすると,野鳥好きは嬉しくなる。

4月 ネコヤナギの花芽を食べるヒレンジャク 東京都

12月 ソメイヨシノの花芽を食べるウソ 東京都

4月 ソメイヨシノの花芽を食べるイカル 東京都

4月 ヤマザクラの花芽を食べるウソ 東京都

4月 ソメイヨシノの花芽を食べるコイカル 東京都

野鳥が好む花 141

3月 オオカンザクラの花を食べるヒレンジャク　東京都

2月 ロウバイの花を食べるヒヨドリ　東京都

4月 ドウダンツツジの花を食べるヒヨドリ　東京都

5月 クヌギの花を食べるマヒワ　新潟県

Chapter 4

野鳥が好む庭づくり

4月 野鳥が水を飲んだり，水浴びしたりするための手水鉢　東京都

　庭に餌台や水場をつくって，野鳥が好む庭づくりをしてみよう。餌台や水場作り，実のなる木を選ぶことはとても楽しいし，家にいながらにして野鳥を観察できることは，自分から野鳥観察に出かける楽しさとはまた別の楽しさがある。特に野鳥好きではなくても，その楽しさには驚くはずだ。まず，簡単なことから始めてみよう。

野鳥が来る庭をつくるには？

庭で野鳥を楽しむ暮らし

　最近は野鳥好きの人が増えてきている印象があるが，特に野鳥好きと公言していなくても，庭にさりげなく餌台や水場がある家は案外多い。庭に来る野鳥と普通に親しむ時間を暮らしのアクセントにして，癒やされたり，楽しんだりしているようなのだ。そういう人は「庭に野鳥を呼ぶ」ことに関して上級者と言えるかもしれない。しかし，まったくの初心者でも庭に野鳥を呼ぶやり方はいくらでもある。まずはそう構えずに，簡単なことから始めて，庭に野鳥が来てくれる楽しさを知ってほしい。

どんな野鳥が来るかは野鳥次第

　バードウォッチングに出かければ，行った先々でそこにいる野鳥を観察できるが，個人の家の庭に来てくれる野鳥の種類はある程度，限られてはいる。「庭に野鳥を呼ぶ」と言っても何でも呼べるわけではないし，当然ながらその地域に生息している野鳥に限られる。稀に渡り途中の珍しい野鳥が出現することもあるかもしれないが，これはあまり期待しないほうがよいし，池があったとしても，よほど大きくなければカモ類などは絶対に来ないので，それらの点は最初から納得しなければならないだろう。庭に野鳥が来るか来ないか，来たとしてどんな野鳥が来るかは，野鳥の気分次第なので，とにかく野鳥が来たくなる「野鳥が好む庭づくり」をしてみよう。

まずは食べ物と水を用意

　まずいちばん簡単で，かつ大切なことは，餌と水場を用意することだ。餌に関しては，近年だと特に鳥インフルエンザのほか，公園や水辺での給餌による水質汚染などが問題視されているし，餌付けに対する考え方にもいろいろあるため，難しい面は確かにある。しかし，隣人に迷惑をかけない個人の庭で，個人の自己責任で行う範囲での餌台の設置や餌付けについては，私は大いに賛成している。私が住んでいるのは，住宅街の中のマンションの1階。土のある三畳分ほどの狭い庭があり，以前は妻が餌台と水盤を置いていた。メジロ，ヒヨドリ，シジュウカラが来ていたが，長期に出かけることが多く，餌やりなどが不定期になりがちなので，野鳥がかわいそうになり，結局はやめてしまったが，本当に楽しかった。

　また，地方へ撮影に出かけた際に，規模の大小はさまざまだが，庭に餌台を設置して，庭に野鳥が来る楽しさを知っている人に会う機会も多い。マンションの狭いベランダであっても，スズメが数羽来てくれることを何よりの楽しみにしている人にも出会った。庭やベランダが大自然に敵わないのは当然だが，街中でも郊外でも，北でも南でも，その場所にあった「野鳥が好む庭」がきっとあるはずだ。

1月　餌台に来たシジュウカラとスズメ　東京都

4月　水場で水浴びするメジロ　東京都

私がつくった「野鳥が好む庭」

　この庭は野鳥好きの知人の家で,東京都内の住宅街にある。30年ほど前,当時私はすでに植木屋を辞めていたが,懇願されて設計から施行までをほとんど私1人でやらせていただいた。ここまで好きにやらせてもらえる機会は今も昔もそうはなく,いろいろと大変だったが,今となっては楽しい思い出である。

　143ページの写真の手水鉢から流れ出た水は,石組みの細い水路を流れるようにして,人工的に沢をつくった。小鳥たちはその沢でよく水浴びをしている。そして沢の手前にある餌台にはいろいろな野鳥がやってくる。3月に見に行ったときには,スズメ,キジバト,ホンセイインコがやってきて採食していた。また厳寒期にはメジロ,シジュウカラ,アオジ,カワラヒワ,時にはジョウビタキやツグミ,シロハラなどもやってくるとのことだ。久しぶりに訪ねたが,ずっといつも野鳥が来てくれていて,本当に嬉しかった。

10月 私が手がけた庭の一部　東京都

野鳥が来る庭づくり〜実践編〜

野鳥を呼ぶには？

　東京の郊外の冬の庭。それなりに手入れはしているけれど、野鳥に興味をもちはじめ、野鳥が来る庭につくりかえたいと思い立った。まず小さな餌台を置いてみたが、野鳥はちっとも来てくれない。どこがダメなのだろう、どんな工夫をすれば野鳥が来てくれるようになるだろう——野鳥を庭に呼ぶにはまず、野鳥が安心して来られる庭にすることが大切だ。次のページから解説していこう。（イラスト ● 岡本史朗）

野鳥が好む庭づくり　147

野鳥が来る庭をつくるポイント

(1) 木の配列
　遠くに背の高い木を植えて，手前ほど低くすると観察しやすい。この庭は下草がほとんどなくてスッキリしているが，木々の間に自分の好みの草花などを植えるとよいだろう。

(2) 木の種類
　まず実のなる木を植える。おすすめはカキノキで，トキワサンザシやモミジ，サクラなどもよいだろう。庭の広さに余裕があれば，花の時期が多少ずれるように考え，花が美しい木を植えてみよう。

> **おすすめの木と，その配置場所（上イラストと対応）**
> ❶ヒサカキやクチナシなどの枝葉が込んだ常緑樹
> ❷カキノキ　❸サクラやハナミズキ
> ❹トキワサンザシ　❺ツツジや草花など　❻モミジ

(3) 水場の設置
　野鳥が水を飲んだり，水浴びができる水場を作ることも大切だ。設置に当たってまず注意すべき点はネコ対策。詳しくは154ページで。

(4) 餌台の設置
　この庭には餌台があり，杭の上につくられているので，ネコに襲われる心配は少ないが，ネコ対策に困っている人は多いようだ。野良ネコが潜む場所がないよう，設置場所などには注意しよう。

(5) 逃げ場をつくる
　ネコだけでなく，タカ類などの天敵に上空から狙われたとき，サッと逃げ込めるような場所が必要だ。最適なのは，実も食べられて，枝が込みいっている常緑樹のサカキやツツジ類などだ。

(6) 巣箱をかける
　野鳥の世界も住宅難。巣箱をかけて野鳥を呼ぼう。かけるときに気をつけるべきことは次の通り。詳しくは158ページで。
- 地上から3mほど上に
- 巣穴の向きは西を避け，少し下向きにする
- 巣穴の前が開けている場所にかける
- 近くに見張り場になるような場所があるとなおよい。巣穴側に高木があるといいだろう。

❸ハナミズキ

実がなったり, 花が美しかったりする, さまざまなことを楽しめる木を植えるとよいだろう

❷カキノキ

❶ヒサカキ。採食中に逃げ込む場所になるような, 枝の込みいった木がよい

❶クチナシ。花が美しく, 香りもよい。さらに木の実も楽しめる

❹トキワサンザシ

❺ツツジ（オオムラサキ）。込みいった木は小鳥の隠れ家に最適だ。花も楽しめる

野鳥が好む庭づくり 149

野鳥が来る庭づくり〜実例集〜

野鳥に好まれる庭とは?

　ここでは野鳥好きの人たちの自慢の庭を紹介しよう。それぞれの庭にそれぞれの工夫がある。例えば餌台の餌は11〜3月いっぱいまでと決めていたり、水場の水は一年中、絶やさないようにしている人が多かった。これから紹介する庭で特に注目してほしい点は以下の点で、これを参考に工夫してみよう。
- 木の配列が絶妙
- 木の種類が考えられている
- 安心できる水場
- 餌台のそばに逃げ場がある

10月 植物が育ちすぎの感はあるが、野鳥はそれで安心する　東京都

街中の庭（東京都）

　東京都内の住宅街にある、野鳥好きの安藤啓子さんのお宅の庭。143、145ページで紹介したのと同じ庭で、30年ほど前に私がつくったもの。水道の蛇口は隠しているが、その水は手水鉢に入り、そこから細い水路に落ちて、餌台の後方を約7m流れて排水溝に入っていく。作庭から年月が経っているため、鳥が運んできた種子などで、元々は植えていなかった草木がずいぶん増えて、自然観が出てきたと思う。右の写真は、上の写真のススキ左奥から撮影したもので、ちょっとした散策スペースになっている。下草をあまり取り除かないので、アオジやシロハラなども安心してやってくるようだ。都会の住宅街でも、餌台や水場づくりがうまくいけば、多くの野鳥がやってくる。

10月 落ち葉がある地面には、よくシロハラの姿がある　東京都

12月 厳寒期のテラスには，浅い皿の水盤も出す。何もかも凍りつく時期の恵みの水場だ　北海道（撮影●髙田令子）

2月 アカゲラ　牛脂にやってきて，場所の取り合いをしている。多いときには庭のあちこちに5〜6羽もいることがある　北海道

2月 エナガとヒガラ　亜種シマエナガが9羽と，ヒガラ1羽が夢中で牛脂を食べている　北海道

広い庭（北海道）

　北海道の民宿「フィールド・イン風露荘」の居間兼食堂から続くテラスから見た庭。いろいろな餌台が設置してあり，冬は多くの野鳥でにぎわうので，寒い外へ行かなくても観察を楽しめる。時には私も手を入れる，私が大好きで，特別な庭だ。

　テラスに置かれた皿にはナナカマドの実が入っている。左のヒマワリの種が入っているフィーダーにはゴジュウカラ，ハシブトガラなどのカラ類，枯れ木などに設置した牛脂にはキツツキ類やカラ類などが来る。中央に横たわる大きな枯れ木の割れ目には，アワやヒエなどのほか，パンくずなども入れてあり，アトリ類がやってくる。餌台の後ろの針葉樹はトドマツで，その右側の枝が込み入った木はズミ，左にはイボタノキがあり，ハイタカなどの猛禽類が来たときの格好の逃げ場になっている。

野鳥が好む庭づくり　151

12月 木はあまり大きくできないので,鉢植えの植物も工夫して置いている　東京都

2月 ウグイス　東京都（撮影 ● 福井俊一）

1月 スズメ　東京都（撮影 ● 福井俊一）

1月 ホンセイインコ　東京都（撮影 ● 福井俊一）

住宅街の狭い庭（東京都）

　東京郊外にある,ご夫婦で野鳥撮影を楽しんでいる福井俊一さんのお宅の庭は,幅1m少しで,奥行5mほどの小さな庭である。

　木からつるしたバードケーキのフィーダーには,シジュウカラやホンセイインコなどが,半分にしたミカンにはメジロがやって来る。庭の中央に水盤があり,ウグイスなどもやってくるという。ウメやロウバイ,ハナミズキ,ミカンなど,花と実を楽しめるものを中心に植栽している。部屋で食事をしながら,狭い場所だからこそ,至近距離で観察できる野鳥を日々楽しんでいるという。

環境に恵まれた庭（青森県）

　青森県の野鳥好きの久保益男さんのお宅の庭。郊外の住宅街で，庭の前の細い道路を挟んだ向こう側は畑，その後ろに森があるという，ぜいたくな環境にある。数年前に庭のほとんどをウッドデッキにして，そこで頻繁に開かれるパーティは，野鳥以上に鳥仲間たちの憩いの場になっている。

　植栽木は植物好きのご夫妻と，庭をコーディネートした友人が厳選したもの。鳥のためというより，人のためかもしれないが，場所柄，やってくる鳥はなかなか豪華で，レンジャクは毎年の定番だ。ほかにカラ類やアトリ類，オナガなどもよくやってくるという。

12月
中央の木にぶら下げたバードフィーダー。ペットボトルを利用した手作りで，ヒマワリの種を入れてある　青森県（撮影 ● 宮彰男）

12月
畑側の窓のすぐ前の餌台。針金に突き刺した落花生，半分に切ったリンゴ，牛脂，ヒマワリと大ごちそう　青森県（撮影 ● 宮彰男）

12月
隣との境界に設置した目隠しの垣根。市販のものを元々あったフェンスに取り付けた　東京都

近隣へ配慮した庭（東京都）

　庭とは別の場所の家庭菜園で無農薬の野菜づくりも楽しんでいる，野鳥好きの小川美都子さんのお宅の庭は，幅は約2m，奥行は約8mの細長い庭である。

　まず目を引くのは，隣との境界に設置した目隠しである。餌の殻などが散らかって，隣に迷惑がかからないように配慮したものだが，鳥にとってもよいブラインドになっているようだ。サザンカやツバキなどのほかに，多く植栽されているのは実のなる木だ。その中にあるネコよけの保護柵をつけた餌台と水盤は廃物利用の手作りで，木箱を木にぶら下げただけの餌台にも小鳥はよくやってくるそうだ。庭が狭く，餌台は設置できないと思っている人にはぜひ参考にしてもらいたい方法である。

木にぶら下げた餌台。穀類やヒマワリの種，ミカンなどを置いた　東京都

12月

野鳥が好む庭づくり　153

水場をつくる

水場がなぜ必要か

　水場は野鳥にとって，食物と同じようになくてはならない大切なものだ。野鳥にとって水場は，ただ水を飲むための場所ではなく，羽毛をいつでもきれいに保つために欠かせない水浴びをする場所でもある。

　野鳥は自然界はもちろん，公園などの人工的な池や水路などでも，自分に合った水場をちゃんと見つけて利用している。庭やベランダの場合，浅い皿を直接置いただけのものから，杭の上の台座に皿を乗せたもの，しっかりとしたコンクリート製，手水鉢を利用したもの，ここで紹介したような簡易的な池など，いろいろなタイプの水場があるので参考にして欲しい。

設置における注意

　水場をつくるうえでの注意点は，やはりネコ対策と，さらに野鳥は水浴びの後必ず，羽毛を整える羽づくろいを行うので，止まりやすい木などの休憩場所を置くことだ。また，特にマンションなどでは階下に水しぶきが落ちて迷惑になることがあるので，気をつけよう。水場の近くにビニルを張るといった工夫をしている人もいるが，そうすると光の反射が野鳥を警戒させるので，難しいかもしれない。周囲に迷惑をかけてしまいそうなときは，設置をあきらめることも考えるべきだろう。

　このほかに，設置で心がけることは以下の通りである。
①水場の大きさは，直径が30cm以上は必要。
②あまり深くないほうが良い。縁からなだらかになっていれば，野鳥は自分の好みの深さの場所で水浴びをする。皿のような物を水場にする場合，水深は2～3cmくらいにする。
③光を反射するような缶のふたや，蛍光色っぽい色味の皿は避ける。

庭に池を作る工程

鳥好きで庭に餌台も設置している東京都の大室清さんのお宅の庭に，即席の池を作ってもらった。

①池をつくる場所を決める。
②池の深さ，縁からの傾斜を考えて，地面を掘る。
③水が浸透しないよう，多少厚手のビニルシートを敷き，シートの周りに石を置いたり，土をかぶせたりして，シートの端を固定する。
④水を入れて，できあがり。

自然石でつくられた水場（左）と
公園に作られた水場（右）

154

水場で水浴びする野鳥

5月　アオゲラ　東京都

5月　モズ　新潟県

8月　コムクドリとムクドリ　新潟県

11月　エナガとメジロ　東京都

6月　ハシブトガラ　北海道

6月　コルリ　北海道

8月　クロツグミ　新潟県

8月　ホオジロ　新潟県

野鳥が好む庭づくり　155

餌台を設置する

餌やりは冬の補助

　庭に野鳥を呼ぶシーズンは，晩秋から早春にかけてが一般的だ。給餌するなら冬期間に限って行うようにしよう。繁殖期や渡りの時期は，自分にいちばん合うものを食べる必要があるし，また，実際に食べていると思われる。実際に一年中餌を置いたとしても，繁殖期などの夏にはほとんど餌台には来なくなるのだ。また，冬期間に頻繁に餌台に来る野鳥でも，餌台の物だけを食べているのではなく，自分でもよく探して採食している。餌台での餌やりは，食べ物の少ない時期の補助的な手助けだと考えるのがよいだろう。餌の与えすぎに注意し，1日の量をあらかじめ決め，餌を置く時間もなるべく一定にしよう。

　ほかの注意点は，水場と同様，餌台もやはりネコ対策だ。餌台を置くなら，周りの木を伝って，ネコが飛び移れるような場所は避けよう。1.5mくらいの高さの支柱を立てて，その支柱の上に20〜30cm四方の板を打ち付け，そこに皿やカゴなどを固定するだけでよい。また，マンションなどでは水場と同じで，階下に餌が飛び散る可能性があるので特に注意が必要だ。

野鳥が喜ぶ餌
- 果物やフルーツジュース
- ご飯の残り→生米よりも炊いたご飯がよい
- パン屑→なるべく無塩がよい。甘い菓子パンは避ける
- アワやヒエなどの小鳥用の餌
- ヒマワリの種→種の殻をまき散らすので注意

餌台を利用する野鳥

4月　キジバトとホンセイインコ　東京都

2月　ヒガラ　北海道

1月　メジロ　東京都

1月　ヤマゲラ　北海道

1月　ハギマシコ　長野県（撮影●中村友洋）

10月　ゴジュウカラ　長野県

10月　ヤマガラ　長野県

1月　スズメ　東京都

3月　ウグイス　鹿児島県奄美大島

2月　スズメ　北海道

2月　カワラヒワ　東京都

野鳥が好む庭づくり　157

巣箱をつくる

野鳥の世界は住宅難

多くの野鳥は木の枝や草むらなどに営巣するが，中には樹洞や建造物のすき間など，何らかの穴に営巣するものもいる。そういう鳥の中で，特に市街地で繁殖する野鳥には，住宅難になっているものもけっこう多い。いろいろな建造物がコンクリート製になり，すき間や穴のようなものがなくなっているためだ。そこで，そんな鳥のために巣箱をつくって庭に設置し，そこで繁殖してもらうのも楽しいものだ。

巣箱を設置するにあたり，まずは設置したい場所の周辺にどんな野鳥がいるのか，どの種類に巣箱を使ってもらいたいかをある程度想定してみよう。そこで特に注意することは，巣箱そのものの大きさよりも，野鳥が出入りする穴の大きさである。スズメより小さい鳥に使ってもらいたい場合，かなり穴を小さくしないと，すぐにスズメに横取りされてしまうからだ。ゴジュウカラなどは多少大きな穴でも，土で埋めて自分の好きな大きさの穴にして使うことがあるが，多くの野鳥はちょうどよい大きさの穴でないとあまり使わない。また，穴の形は丸でも四角でも関係ないようだ。

そして，繁殖が上手くいって，使い終わった巣箱は中の巣材などを捨てて，きれいにしておいたほうがいいだろう。また，来年も使ってくれる可能性があるからだ。掃除をしやすいように，どこか1か所を開閉式にしておくとよい。

巣箱の穴の大きさ
- 「スズメ」サイズの鳥→直径3cm
- 「シジュウカラ」サイズの鳥→直径2.8cm
- 「ムクドリ」サイズの鳥→直径3.5cm

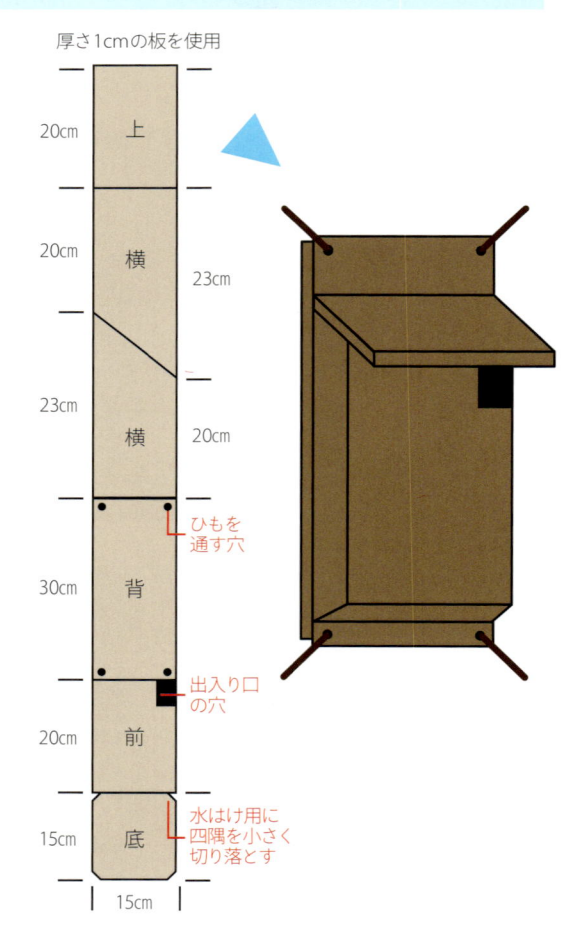

5月 ニュウナイスズメ　北海道

5月 シジュウカラ　北海道

7月 オオコノハズクの親子　鳥取県

巣箱づくりのための板取と完成図
板のサイズは15×128cmで厚さは1cm。底面の四隅に水抜き用の穴を空けることを忘れずに。穴は中央に丸い穴を開ける必要はない。図のように角に開いた四角い穴でも野鳥は入るし，何より作りやすい。もし丸い穴を空けるのであれば，サイズは鳥の大きさに合わせて厳密に，位置は中央より上，巣箱の高さの上から1/3ほどがよいだろう。

野鳥・木の実INDEX

以下は本書で紹介した野鳥が食べる木の実を，鳥の種類ごとに並べたものである（タイトル項目中に記載されたもの）。鳥から木の実を探すことができるので，見たい鳥や庭に呼びたい鳥が決まっているときに参考にしてほしい。なお，本書にはこの表に挙げた以外にも多くの鳥が本文や写真で掲載されている。より詳しく鳥を探したいときは，次ページの鳥名索引を参照のこと。

	野鳥が好む木の実（p.5〜）	野鳥があまり好まない木の実（p.123〜）
ハト類	クサギ, コナラ	クスノキ
キジバト	エゴノキ	
アオバト	サクラ類	
キツツキ類	アカメガシワ, カキノキ, ヌルデ, ホオノキ	
コゲラ	マユミ	
アカゲラ	サクラ類	
アオゲラ	コブシ, ツルマサキ	
カケス	コナラ	
オナガ	イヌツゲ, エンジュ, シャリンバイ, ヒメコウゾ, ピラカンサ	イヌマキ
カラ類	スギ, ニシキギ, ハゼノキ, マツ類	ウツギ
ヤマガラ	イチイ, エゴノキ	
シジュウカラ	ナンキンハゼ, ハナミズキ	
ヒヨドリ	イイギリ, キハダ, クチナシ, コシアブラ, サンゴジュ, センダン, タラヨウ, トウネズミモチ, ナンテン, ピラカンサ, ビワ, ホオノキ, マンリョウ, ムラサキシキブ, モチノキ, ヤドリギ, ユズリハ	アオキ, カクレミノ, キイチゴ類, サネカズラ, サンシュユ, ノブドウ
ウグイス類	ニワトコ	
メグロ		パパイヤ
メジロ	クサギ, クチナシ, グミ, サンゴジュ, サンショウ, タラノキ, ヒサカキ, マサキ, マンリョウ, マユミ, ムラサキシキブ, モッコク, ユズリハ	カクレミノ, キイチゴ類, サネカズラ, パパイヤ
レンジャク類	イボタノキ, カポック, カンボク, キヅタ, クワ, ナナカマド, ヤドリギ	クスノキ
ムクドリ類	ニワトコ, ビワ	
ムクドリ	イヌツゲ, エンジュ, サクラ類, シャリンバイ, タラノキ, ヒメコウゾ, ヤマモモ	アオキ, イヌマキ, クコ, クスノキ, トベラ
ツグミ類	アカメガシワ, イヌツゲ, ウメモドキ, エゾノコリンゴ, エノキ, カキノキ, ガジュマル, カナメモチ, カポック, ガマズミ, カンボク, キハダ, グミ, クワ, コシアブラ, ゴンズイ, ズミ, ツルウメモドキ, ツルマサキ, トウネズミモチ, ナナカマド, ニシキギ, ヌルデ, ノイバラ, ハゼノキ, ハナミズキ, ヒサカキ, ピラカンサ, ミズキ, ムクノキ	クスノキ
ツグミ	イイギリ, イチイ, ナンテン, モチノキ	
ジョウビタキ	ウメモドキ, ガジュマル, カナメモチ, ガマズミ, マサキ	
ヒタキ類	アカメガシワ, コブシ, サワフタギ, サンショウ, ミズキ, モッコク	
スズメ	ナンキンハゼ, ヤマモモ	クコ
アトリ類	エゾノコリンゴ, エノキ, カエデ類, ズミ, ナナカマド, ヌルデ, ノイバラ, ムクノキ	ノブドウ
アトリ		カマツカ
カワラヒワ	ケヤキ, サルスベリ, ニレ	カマツカ
マヒワ	サルスベリ, スギ, ニレ, ハンノキ類	
オオマシコ	ヤマハギ	
イスカ	マツ類	
ウソ	ツルウメモドキ	ウツギ
シメ	イチイ	
イカル	ゴンズイ	
ホオジロ類	ヤマハギ	
カシラダカ	ハンノキ類	

鳥名索引

※この索引では5〜134ページの本文や写真で挙げた鳥の種名を対象にした(「○○類」は除く)。

ア行

アオゲラ…………………25, 45, 51, 69, 80, 84, 98, 109
アオバト……………………………24, 44, 48, 51
アカゲラ……………………………25, 40, 41, 48, 99, 134
アカコッコ……………………………………121
アカハラ…………14, 22, 28, 34, 52, 61, 68, 71, 105, 110
アカヒゲ……………………………………36, 80, 84
アトリ………………………9, 16, 25, 42, 72, 77, 78, 126
イイジマムシクイ………………………………79
イカル…………9, 18, 20, 46, 52, 62, 63, 81, 86, 112
イスカ……………………………………102, 103
ウソ……………………11, 20, 66, 67, 73, 91, 115, 125
エゾビタキ………………………………7, 64, 106, 107
エゾライチョウ…………………………………134
エナガ………………………25, 55, 74, 77, 84, 108
オオアカゲラ（オーストンオオアカゲラ）……6, 36, 84, 104, 121
オオマシコ……………………………………120
オオヨシキリ……………………………………79
オオルリ……………………………56, 98, 108
オシドリ……………………………………44
オナガ…8, 10, 14, 18, 19, 24, 38-40, 48, 52, 58, 82, 86, 87, 92, 94, 110, 113, 122, 124, 130, 132, 134

カ行

カケス………………………………………24, 44
カシラダカ……………………………60, 88, 89, 120
ガビチョウ……………………………………109
カワラヒワ…14, 29, 38, 42, 53, 60, 61, 72, 73, 78, 82, 83, 90, 95, 132
キクイタダキ…………………………………20, 21
キジ…………………………………………24, 134
キジバト…8, 10, 12, 13, 18, 51, 57, 67, 75, 100, 113, 121
キビタキ……………………7, 45, 54, 106, 108, 114, 115, 117
キレンジャク…………………………11, 61, 72, 82, 83, 118
クロジ………………………………………109
クロツグミ…………………………………34, 117
コイカル……………………………………17, 21
コガラ………………………………………104
コゲラ………………6, 25, 77, 84, 85, 99, 104, 105, 109
コサメビタキ…………………………………107
コムクドリ……………………………………40, 79

サ行

サメビタキ…………………………………7, 107
サンショウクイ………………………………56
シジュウカラ…20, 37, 74, 80, 81, 84, 87, 99, 108, 117, 125
シメ…………………………9, 15, 20, 21, 47, 110, 112
ジョウビタキ……12, 36, 75, 76, 81, 84, 86, 95, 100, 104, 105, 106, 116, 133
シロガシラ……………………………………27, 41

シロハラ…15, 18, 23, 26, 34, 47, 59, 70, 71, 81, 91, 93, 95, 111, 112
スズメ………………………………24, 75, 96, 97, 121

タ行

ツグミ…8-10, 23, 28, 29, 31-35, 43, 47, 66, 70, 72, 73, 76, 81, 85-87, 91, 95, 111, 112, 116, 128, 134
ドバト………………………………………110
トラツグミ…………………………18, 22, 23, 80, 90

ナ行

ニュウナイスズメ……………………………97
ノグチゲラ……………………………………6, 84
ノドアカツグミ………………………………73

ハ行

ハシブトガラ………………………………77, 103
ハシブトガラス…………………………7, 26, 52, 87, 106
ハシボソガラス…………………………24, 56, 109
ヒガラ…………………………………20, 60, 88, 103
ヒヨドリ…8, 12, 14, 19, 22, 23, 27, 29, 30-35, 37, 38, 40, 48, 49, 55, 59, 62, 65, 66, 70, 71, 76, 86, 93, 94, 96, 98, 99, 101, 106, 113-118, 121, 122, 124, 126, 129, 130, 132, 133
ヒレンジャク…………………………5, 30, 32, 33, 116, 119
ベニヒワ……………………………………88, 89, 97
ホオジロ……………………………………97
ホシガラス…………………………………102, 103

マ行

マヒワ………………42, 53, 60, 78, 88, 89, 97, 102, 103, 134
マミチャジナイ……………………………34, 35, 69, 108, 111
ミヤマガラス…………………………………62, 63
ミヤマホオジロ………………………………120
ムギマキ……………………………………54, 68, 69
ムクドリ…9, 10, 14, 19, 24, 37, 38, 40, 41, 48, 49, 51, 55, 59, 62-65, 70-73, 92, 95, 96, 100, 106, 110, 116, 118, 121, 126, 128, 129, 131, 134
メグロ………………………………………133
メジロ…6, 10, 16, 20, 25, 28, 29, 31, 36-39, 52, 54-57, 64, 65, 67, 70, 71, 75, 85, 90, 91, 95-97, 99, 100, 101, 104, 105, 108, 113-117, 121, 126, 127, 129, 131, 133, 134

ヤ行

ヤマガラ……………………………9, 13, 20, 99, 102
ヤマドリ……………………………………67, 80

ラ行

ルリカケス…………………………………84, 85, 96, 121
ルリビタキ……………………………………84